STELIANA TASE

ABRISS DER MATHEMATIK
EIN LEITFADEN
Erster Teil

RUMÄNISCHE LEHRBÜCHER
VEREIN DER ORTHODOXEN ELTERN UND LEHRER
„DER HEILIGE GREGORIUS PALAMAS"
und
Die Schule „Die Heiligen Märtyrer Brâncoveanu"

Konstanza 2015

Verein der orthodoxen Eltern und Lehrer „Der Heilige Gregorius Palamas"
e-mail: - asociatie@manualeromanesti.ro
        - manualeromanesti@gmail.com
Telefon: +40.731.749.328
www.manualeromanesti.ro
 ISBN-13: 978-1517789008
 ISBN-10: 1517789001

VORWORT

Gewöhnlich wird das Vorwort nicht gelesen. Die meisten Menschen beeilen sich, an den eigentlichen Inhalt zu gelangen. Wenn sie diese Zeile lesen, bedeutet es, dass sie jener Kategorie nicht angehören. Das bedeutet, dass sie sich nicht beeilen, an die Übungen zu gelangen, sondern sie möchten zuerst die Absicht des Verfassers verstehen.

Dieses Buch ist eine besondere Arbeit. Es ist kein Lehrbuch, keine Übungssammlung, sondern es ist ein *Leitfaden*. Was bedeutet *anleiten*? *Anleiten* bedeutet den richtigen Weg weisen und auf diesem Weg Hilfe leisten. Die Mathematik ist eine sehr schöne Wissenschaft, aber, wie Herr Akademiker Solomon Marcu gut sagt, ist eine Schönheit, die den Schülern verborgen bleibt, wegen fehlerhaft verfasster Schulpläne, die zu belastet mit sekundären Angelegenheiten und ohne Beziehung zum Alltagsleben sind.

Das Buch, das sie lesen, weist ihnen einen eleganten Weg durch die Mathematik für das Gymnasium, so dass sie die Schönheit dieser Wissenschaft geniessen können. Als ich das Manuskript das erste Mal gelesen habe, habe ich mich an die besonderen Lektionen der 90er Jahre der großen Pädagogen, Professoren an der Fakultät für Mathematik aus Bukarest, erinnert. Es geht um Prof. dr. Laurenţiu Panaitopol und Doz. dr. Gheorghe Mocanu.

Ich habe die Gepflegtheit, Bündigkeit und Deutlichkeit dieser großen Professoren auf den Seiten des Leitfadens, das sie lesen, wiedergefunden. Auf diese Weise gelehrt, kann man sich die Mathematik fest ins Gedächtnis einprägen. Darum ist das *Leifaden* auch ein guter *Abriss*.

Ich empfehle dieses Buch den Mathematiklehrern, den Eltern und den Schülern, mit der Hoffnung, dass es ihnen sehr nützlich sein wird. Für Lehrer ist es ein Arbeitsinstrument, für Eltern eine Hilfe, für Schüler ein gutes Leitfaden und einen guten Abriss.

Die Mathematik muss kein Feindschafts- und Neidgrund durch einen wilden Wettbewerb sein, der durch das Gesetz des Dschungels geführt ist ("der stärkste gewinnt").

Die Jagd nach Preisen den Preisen zuliebe ist dem authentisch intellektuellen Milieu nicht spezifisch. Die Mathematik ist vor allem eine

Methode der Disziplinierung der Vernunft und ihre Ergebnisse (angewandt in Physik, Chemie, Biologie, Medizin, Pädagogie, Psychologie, Ökonomie) müssen nur für das Wohl der Menschheit benutzt werden. Diese Anwendungen brauchen eine Teamarbeit und die Schüler sollen mehr zur Mitarbeit als zum Wettbewerb angeleitet werden. Auf diese Weise trägt die Wissenschaft zur Verstärkung der Beziehungen zwischen Menschen bei.

Professor Ioan Vlăducă,
Wissenschaftsdirektor
Die Schule „Die Heiligen Märtyrer Brâncoveanu"

EINLEITUNG

Warum heißt es Abriss-Leitfaden? Die Theorie wird von Beispielübungen gefolgt und auf diese Weise werdet ihr verstehen, wie die Theorie angewandt wird und hoffentlich werdet ihr nicht mehr mechanisch arbeiten. Wenn die Schüler die Theorie sehr gut lernen werden, werden ihnen die Ideen einfallen, sogleich sie die Hypothese lesen werden. Zum Beispiel, wenn es um Division mit Rest geht, werden wir an das Theorem der Division mit Rest denken, wenn es um Winkelhalbierende und parallele Geraden geht, werden wir an gleiche Winkel denken und an Winkel, die entstehen, wenn die parallelen Geraden von einer Sekante geschnitten werden. Da dieser Abriss Theorie und Beispielübungen enthält, kann er von allen Schülern verwendet werden, einschließlich von jenen, die in Mathematik weniger begabt sind, und wenn sie die Theorie gut lernen, werden sie erkennen, dass die Mathematik nicht schwer ist. Versucht und ihr werdet sehen, dass ich Recht habe, umso mehr, dass es nicht viel Theorie gibt, einige Formeln werden wir herleiten und sie werden sich einfacher merken lassen.

Ich habe begonnen, an diesem Abriss zu arbeiten mit dem Segen erhalten von dem guten und außergewöhnlichen Pfarrer Archimandrit Arsenie Papacioc. Er hat mir folgendes gesagt:

„Die Wurzel aller Bosheiten ist die Unwissenheit. Nicht die Liebe zu Geld, sondern die Unwissenheit, sagen die Kirchenväter. Weil wenn du nicht gewusst hast, musst du begründen, warum du nicht gewusst hast, weil du faul gewesen bist, weil du nicht gelernt hast, indem du von denjeningen, die diese Fähigkeit hatten, dir zu sagen, angeleitet wurdest. Also die Faulenzerei kostet, es ist eine sehr große Sünde, wir könnten so formulieren: «die heilige» Faulheit und «der große Märtyrer» der Schlaf... Und dann sicher erfüllen wir unsere Pflicht im Leben und es ist uns gut, wir lernen besonders Mathematik; das ist eine positive Wissenschaft, es geht nicht mit Abweichungen, mit Aufschiebungen, es muss Kenntnis, Wissen sein... Es ist gut Mathematik zu können, wohin du auch gehst, musst du deine Rechnungen machen, überall ist es nötig, persönlich Rechnungen zu machen, besonders was deine innerlichen Probleme betrifft...“

Und ich sage, dass es keinen Schüler gibt, der Mathematik kann und der schlechte Noten in anderen Fächern hat, weil die Mathematik ein Sport des Verstandes ist und sie hilft dir, an alle anderen Fächer zu denken und auch immer im Leben, in jedem Moment. Und ich sage noch, dass wenn der gute Gott uns mit Vernunft ausgestattet hat, ist es Schade, sie nicht zu verwenden.

Ich wünsche euch viel Erfolg!

Professor Steliana Tase

ABRISS DER MATHEMATIK EIN LEITFADEN

Inhalt

LOGISCHE UND MATHEMATISCHE SYMBOLE

Symbol	Bedeutung	Beispiele
$\Rightarrow$	Daraus folgt	$x - 1 = 2 \Rightarrow x = 3$
$\Leftrightarrow$	Genau dann, wenn	$x = 2 \Leftrightarrow x + 1 = 3$
$\forall$	Für alle/jedes gilt	$\forall_n$ für jedes n gilt
$\exists$	Es existiert	$\exists_n$ es existiert ein n
$\nexists$	Es existiert kein	$\nexists_n$ es existiert kein n
$=$	gleich	$2 = 2$
$\neq$	ungleich	$2 \neq 3,\ 2 \neq 1$
$+$	Die Addition	$2 + 3 = 5$
$-$	Die Subtraktion; die Gegenzahl einer Zahl	$4 - 1 = 3$; -2 ist die Gegenzahl zu 2
$\cdot$	Die Multiplikation	$2 \cdot 3 = 6$
$:$	Die Division	$6 : 3 = 2$
$<$	(streng) kleiner	$2 < 3$
$>$	(streng) größer	$5 > 2$
$\leq$ oder $\leqslant$	kleiner oder gleich	$2 \leq 3$; $2 \leq 2$
$\geq$ oder $\geqslant$	größer oder gleich	$4 \geq 1$ $4 \geq 4$
$\vdots$	teilbar durch	$12 : 3$
$\not{/.}$	Nicht teilbar	$7 \not{/} 2$
$\mid$	teilbar	$3 \mid 12$
$\nmid$	Nicht teilbar durch	$2 \nmid 7$
$\mid$	Durchführung einer Operation in beiden Seiten einer Gleichung	$x + 2 = 5$ $\mid -2$ $x = 3$
(m, n)	Der größte gemeinsame Teiler der Zahlen m, n. (m, n) = ggT (m, n)	$(4, 6) = 2$
$[m, n]$	Das kleinste gemeinsame Vielfache der Zahlen m, n. $[m, n]$ = kgV (m, n)	$[2, 5] = 10$

$\{x_1, ..., x_n\}$	Die Menge gebildet von den Elementen $x_1, x_2, ... x_n$	A = \{1, 3, 7\}
$\in$	Gehört. $x \in M$, x gehört zur Menge M	$2 \in \{3, 2, 7\}$
$\notin$	Ist kein Element von	$5 \notin \{1,3\}$
$\subseteq$	Ist Teilmenge von $A \subseteq B$ Die Menge A ist Teilmenge von B	$\{1,2\} \subseteq \{1,2\}$
$\subset$	Echte Teilmenge	$\{1\} \subset \{1,2\}$
$\nsubseteq$	$A \nsubseteq B$ A ist keine Teilmenge von B	$\{1,2\} \nsubseteq \{2,3\}$
$\cup$	Vereinigungsmenge	$\{1, 2\} \cup \{2, 3\} = \{1,2,3\}$
$\cap$	Durchschnittsmenge	$\{1, 2\} \cap \{2, 3\} = \{2\}$
\	Differenzmenge	$\{1, 2, 3\} \setminus \{2\} = \{1, 3\}$
$C_B A$	Komplementärmenge von A in Bezug auf B, für $A \subset B$	A = \{1\}, B= \{1, 2, 3\} $C_B A$ = \{2, 3\}
A X B	Kartesisches Produkt der Mengen A und B	$\{1\}$ X $\{2, 4\}$=\{(1, 2), (1,4)\}
A $\triangle$ B	Symmetrische Differenz der Mengen A und B	$\{1, 2\} \triangle \{2, 4\} = \{1, 4\}$
Φ	Leere Menge	$\{1, 2\} \cap \{3, 4\} = \Phi$
Card M oder $\lvert M \rvert$	Die Kardinalzahl der Menge M	Card \{4, 5, 7\} = 3
P (A)	Die Potenzmenge von A	$P(\{1, 2\}) = \{\Phi, \{1\}, \{2\}, \{1, 2\}\}$
a^n	Potenz $a^n = a \cdot a \cdot .... \cdot a$ (n Faktoren)	$2^3 = 2 \cdot 2 \cdot 2 = 8$
$\frac{a}{b}$ oder a/b	Bruch	1/2 = 0, 5
$\triangle$	Dreieck	$\triangle$ ABC
$\perp$	senkrecht	a $\perp$ b
$\parallel$	parallel	a $\parallel$ b

Kapitel I. DIE MENGE DER NATÜRLICHEN ZAHLEN

1.1. Die natürlichen Zahlen

Die natürlichen Zahlen sind: {0, 1, 2, 3, …, 9, 10, 11, … }.

Diese können reale Objekte oder Elemente der Natur darstellen.[1] Das Symbol dieser Menge ist **N**; **N*** bezeichnet die Menge der von 0 verschiedenen natürlichen Zahlen. Die Ziffern sind: {0, 1, 2, 3, 4, 5, 6, 7, 8, 9} .

Achtung! Manche Schüler unterscheiden nicht zwischen Ziffern und Zahlen. Die Zahl 12 hat zwei Ziffern: Einerziffer (2) und Zehnerziffer (1).

Die Ziffern: 0, 2, 4, 6, 8, 10, 12, sind **gerade Zahlen.**

Die Ziffern: 1, 3, 5, 7, 9, 11, 13, 15, … sind **ungerade Zahlen**.

Jede unbekannte gerade Zahl kann man als 2k schreiben,

wobei k eine natürliche Zahl ist.

Zum Beispiel, für k = 3 erhält man 2k = 2 · 3 = 6. Gerade Zahlen kann man schreiben: {0, 2, 4, … , 2k, 2k + 2,… }

Jede unbekannte ungerade Zahl kann man als 2k + 1 oder 2k − 1 schreiben, wobei k eine natürliche Zahl ist.

Ungerade Zahlen kann man schreiben: {1, 3, 5, … , 2k + 1, 2k + 3, … }.

Zum Beispiel, für k = 2, 2k + 1 = 2 · 2 + 1 = 4 + 1 = 5, und 2k - 1 = 2 · 2 - 1 = 4 - 1 = 3.

Die aufeinander folgenden Zahlen schreibt man: a, a + 1, a + 2, a + 3,… ; aufeinander folgende ungerade oder gerade Zahlen schreibt man: a, a + 2, a + 4, a + 6,… .

Beispiele

5, 6, 7, 8 sind vier aufeinander folgende natürliche Zahlen;

4, 6, 8 sind drei aufeinander folgende gerade Zahlen;

3, 5, 7 sind drei aufeinander folgende ungerade Zahlen.

---

[1] Zum Beispiel: 5 Äpfel, 4 Kirschen, 10 Kinder. Es gibt auch negative ganze Zahlen: -1,-2, -3, usw, die Temperaturen darstellen. Zum Beispiel, -10°C.

Gelöste Übungen

1) Finde vier aufeinander folgende natürliche Zahlen, deren Summe 94 beträgt.

a + (a+1) + (a+2) + (a+3) = 94 $\Rightarrow$ a+a+1+a+2+a+3 = 94

$\Rightarrow$ 4a + 6 = 94 $\Rightarrow$ 4a = 94 –6 (wir müssen nicht vergessen, dass, wenn wir Zahlen auf die andere Seite des Gleichzeichens bringen, die Vorzeichen jener Zahlen verändert werden müssen) 4a = 88 $\Rightarrow$ a= 88 : 4 $\Rightarrow$ a = 22. Also die Zahlen sind: 22, 23, 24, 25.

2) Finde drei aufeinander folgende gerade Zahlen, deren Summe 138 beträgt.

a + (a + 2) + (a + 4) = 138 $\Rightarrow$ 3a + 6 = 138 $\Rightarrow$ 3a = 138 - 6

$\Rightarrow$ 3a = 132 $\Rightarrow$ a = 132 : 3, a = 44. Also die Zahlen sind: 44, 46, 48.

3) Finde vier aufeinander folgende ungerade Zahlen, deren Summe 80 beträgt.

a + (a + 2) + (a + 4) + (a + 6) = 80 $\Rightarrow$ 4a + 12 = 80 $\Rightarrow$ 4a = 80 – 12 $\Rightarrow$ 4a = 68, a = 17 $\Rightarrow$ die Zahlen sind 17, 19, 21, 23 .

1.2 Die Zerlegung einer natürlichen Zahl im Zehnersystem

Die Schreibweise einer unbekannten zweistelligen Zahl im Zehnersystem bezeichnet man als⁻(ab); sie wird auf folgende Weise zerlegt: $\overline{ab}$ = 10a + b. Die Schreibweise einer dreistelligen Zahl im Zehnersystem ist: $\overline{abc}$ = 100a + 10b + c. Jetzt werden wir erklären, warum die Zahl auf diese Weise zerlegt wird: weil a für Hunderter, b für Zehner und c für Einer steht. Wenn die Zahl vierstellig ist, ist die Schreibweise: $\overline{abcd}$ =1000a + 100b + 10c + d

Übung

$\overline{ab}$ +2 $\overline{ab}$ +3 $\overline{ba}$ =330. Finde die Zahl $\overline{ab}$.

10a + b + 2(10a+b) + 3(10b + a) = 330

10a+b + 20a +2b + 30b + 3a = 330

33a +33b =330 $\Rightarrow$ 33(a+b) = 330 | : 33 $\Rightarrow$ a+b = 10 , weil a und b Ziffern sind, sind die Lösungen:

wenn a=1 $\Rightarrow$ b = 9 $\Rightarrow$ $\overline{ab}$ = 19

a=2 $\Rightarrow$ b = 8 $\Rightarrow$ $\overline{ab}$ = 28, usw.

Wir erhalten die Lösungen:

$$\overline{ab} = \{ 19, 28, 37, 46, 55, 64, 73, 82, 91\}$$

1.3 Rechnen mit natürlichen Zahlen

1.3.1 Die Addition und die Subtraktion

The 'like' terms are :
- the terms which have the same unknown (letter);
- free terms (the natural numbers which have no letters).

Die ähnlichen Terme werden vereinfacht. Beispiel: 2a + 3b + 4a – b + 9 + 5b – 3 = 6a + 7b + 6, die ähnlichen Termen wurden vereinfacht. Aus zwei Termen, die die Variable n enthalten haben, haben wir einen erhalten, u.zw. aus 2a + 4a = 6a; aus 3 ähnlichen Termen, bzw. die, die die Variable n enthalten, wird als Folge der Vereinfachung einen Term erhalten, u.zw. : und die Grundterme: 9 – 3 = 6.

Die Gegenzahl zu ist – a. Die Gegenzahlen werden reduziert, indem man sie mit einer schrägen Linie durchstreicht.

Glied + Glied = Summe, Minuend- Subtrahend =Differenz

Eigenschaften der Addition:

a) die Kommutativität: a + b = b + a, $\forall$ a, b $\in$ **N** ($\forall$ ist das Symbol für "für alle/jedes")

b) die Assoziativität: a + (b + c) = (a + b) + c, $\forall$ a, b, c $\in$ **N**

c) das neutrale Element 0 : a + 0 = a; 0 + a = a, $\forall$ a $\in$ **N**.

1.3.2 Die Multiplikation und die Division

Das Ergebnis einer Multiplikation heißt Produkt.

Multiplikator · Multiplikand = Produkt.

Die Zahlen, die multipliziert werden, heißen Faktoren.

Verwechseln wir nicht die Glieder der Addition mit den Faktoren der Multiplikation!

Beispiel: $3 \cdot 4 = 12$, 3 heißt Multiplikator, 4 Multiplikand und 12 Produkt. Die Zahlen 3 und 4 sind Faktoren. Das Ergebnis der Division heißt Quotient.

Dividend: Divisor (Teiler) = Quotient.

Wenn man die Null durch eine beliebige Zahl außer Null teilt, ergibt dies immer Null.

Wir bemerken Folgendes:

$2 \cdot 3 = 3 \cdot 2$ (= 6 in beiden Fällen)

$(3 \cdot 2) \cdot 5 = 3 \cdot (2 \cdot 5)$ (= 30 in beiden Fällen)

$4(2 + 3) = 4 \cdot 2 + 4 \cdot 3$ (= 20 in beiden Fällen)

Eigenschaften der Multiplikation der natürlichen Zahlen:

a) Kommutativität: $a \cdot b = b \cdot a$, $\forall$ $a, b \in \mathbf{N}$

b) Assoziativität : $(a \cdot b) \cdot c = a \cdot (b \cdot c)$, $\forall a, b , c \in \mathbf{N}$

c) Neutrals Element 1 : $a \cdot 1 = 1 \cdot a = a, \forall a \in \mathbf{N}$

d) Ist einer der Faktoren 0, dann ist auch das Produkt **0**; $a \cdot 0 = 0$, $\forall a \in \mathbf{N}$

e) Distributivität der Multiplikation in Bezug auf die Addition und Subtraktion: $a(b + c) = ab + ac$

$a(b - c) = ab - ac, \forall a, b , c \in \mathbf{N}$.

Die Division durch Null hat keinen Sinn.

1.4 Vergleichen der natürlichen Zahlen

Wenn **a** kleiner als **b** ist, schreibt man: $a < b$. Manche Schüler verwechseln die Zeichen < (**Kleiner** als) und > (**Größer** als). Je weiter wir auf der Zahlenachse nach links gehen, desto kleiner werden die Zahlen und je weiter wir auf der Zahlenachse nach rechts gehen, desto größer werden die Zahlen:

| 0 | 1 | 2 | 3 | 4 | 5 | 6 | 7 | 8 | 9 | 10 | 11 | 12 | 13 |

$<$ $>$

Beispiel. $5 > 2$ und $3 < 7$.

Für zwei beliebige natürliche Zahlen a und b gilt eine der folgenden Relationen:

$a < b$ (a ist kleiner als b, Beispiel: $3 < 5$)
$a = b$ (a ist gleich b, Beispiel: $3 = 3$)
$a > b$ (a ist größer als b, Beispiel: $5 > 4$)
$a \leq b$ (a ist kleiner oder gleich b, Beispiel: $5 \leq 5$)
$a \geq b$ (a ist größer oder gleich b, Beispiel: $12 \geq 9$)

Sowohl die Gleichheit als auch die Ungleichheit der natürlichen Zahlen haben die Eigenschaft der **Transitivität**:

1) wenn $a < b$ und $b < c$, dann $a < c$, Beispiel: $2 < 3$ und $3 < 5$, dann $2 < 5$.

2) wenn $a \leq b$ und $b \leq c$, dann $a \leq c$, Beispiel: $2 \leq 3$ und $3 \leq 5$, dann $2 \leq 5$.

3) wenn $a = b$ und $b = c$, dann $a = c$.

Diese Eigenschaft verwendet man sehr oft wenn man Potenzen vergleichen muss und wenn man nicht auf denselben Exponenten und auf dieselbe Basis bringen kann.

1.5 Gemeinsamer Faktor

$$ab + ac = a\,(b + c) \qquad oder \qquad ab - ac = a\,(b - c)$$

Der gemeinsame Faktor ist a.

Beispiel. $18a + 45b = 9 \cdot 2a + 9 \cdot 5b = 9\,(2a + 5b)$. Der gemeinsame Faktor ist 9.

Übungen

1) Wenn $x = 9$ und $a + b = 5$, dann $4x + 3a + 3b = ?$

Man bemerkt den gemeinsamen Faktor 3, also:

$$4x + 3(a + b) = 4 \cdot 9 + 3 \cdot 5 = 36 + 15 = 51$$

2) Berechne $2xa + 3xb + 4a + 6b$, wenn $2a + 3b = 13$ und $x = 6$.

Für die ersten zwei Glieder haben wir den gemeinsamen Faktor x und für die nächsten zwei haben wir den gemeinsamen Faktor 2, also:

$$2xa + 3xb + 4a + 6b = x(2a + 3b) + 2(2a + 3b) = 6 \cdot 13 + 2 \cdot 13 = 78 + 26 = 104.$$

1.6 Das Theorem der Division mit Rest

Divident= Divisor (Teiler) · Quotient + Rest, mit der Eigenschaft Rest < Divisor.

$$d = t \cdot q + r \qquad 0 \leq r < t$$

Wenn es bei der Division keinen Rest gibt (der Rest = 0), dann können wir schreiben:

$$d = t \cdot q$$

Übung

Die Summe zweier Zahlen beträgt 26. Wenn man die große durch die kleine teilt, erhält man den Quotienten 7 und den Rest 2. Wie heißen die Zahlen?

$a + b = 26$

$a : b = 7$ und $r = 2$ also es geht um eine Division mit Rest, darum werden wir das Theorem der Division mit Rest anwenden: $a = b \cdot 7 + 2$, $\ 2 < b$

Wenn wir a aus der Relation $a = b \cdot 7 + 2$ in die Relation $a + b = 26$ einsetzen werden, werden wir Folgendes erhalten:

$7b + 2 + b = 26 \Rightarrow 8b = 26 - 2 \Rightarrow 8b = 24 \Rightarrow b = 24 : 8 \Rightarrow b = 3$ und wenn wir b in $a = 7b + 2$ einsetzen, werden wir Folgendes erhalten $a = 7 \cdot 3 + 2 \Rightarrow a = 21 + 2$, also $a = 23$ und $\ b$ -3.

1.7 Gleichungen und Ungleichungen

Die Gleichung ist eine Gleichheit mit weningstens einer Unbekannten. Die allgemeine Form der Gleichung ist:

$$ax + b = 0,$$

man bezeichnet a als den Koeffizienten von x, x als die Unbekannte, die Variable und b das absolute (konstante) Glied.

Die Ungleichung ist eine Ungleichheit mit wenigstens einer Unbekannten. Die allgemeine Form der Ungleichheit ist:

$ax + b > 0$, oder $ax + b < 0$,

oder die Zeichen ≥ (größer oder gleich) oder ≤ (kleiner oder gleich) können auch vorkommen.

Die Ungleichung kann:

- Streng/strikt positiv > 0
- Streng/strikt negativ < 0
- pozitiv ≥ 0
- negativ ≤ 0 sein.

Man kann eine Gleichung oder eine Ungleichung durch zwei Methoden lösen:

1) Die Methode der entgegengesetzten Rechenoperation. Man trennt die bekannten und unbekannten Größen voneinander; wenn man eine Zahl auf die andere Seite bringt, dann muss man die entgegengesetzte Operation durchführen:

Beispiele:

a) $x + 8 = 12$, $x = 12 - 8$, 8 hat man von links, wo sie das Zeichen + hatte, auf die rechte Seite mit dem Zeichen − gebracht und man hat $x = 4$ erhalten.

b) $2x - 3 = 15$, $2x = 15 + 3$, $2x = 18$, $x = 18 : 2$, $x = 9$.

c) Löse die Ungleichung $x + 2 < 5$ in N.

$x < 5 - 2$, $x < 3$, also $x \in \{0, 1, 2\}$

d) Löse die Ungleichung $3x + 5 > 34 + 2x$, in N.

$3x - 2x > 34 - 5$, $x > 29$, $x \in \{30, 31, 32, 33,...\}$

e) $4x - 21 \leq 3$, $4x \leq 21 + 3$, $4x \leq 24$, $x \leq 24 : 4$, $x \leq 6$, $x \in \{0,1,2,3,4,5,6\}$, einschließlich 6, weil es das Zeichen kleiner oder gleich ist, also indem es auch gleich ist, wird auch 6 enthalten. Bei d) indem es das Zeichen größer, ohne gleich, ist, wird 29 nicht enthalten.

f) $3(2x + 5) - 7 \leq 2x + 20 \Rightarrow 6x + 15 - 7 \leq 2x + 20 \Rightarrow 6x - 2x \leq 20 - 8$ (8 wird von $15 - 7$ erhalten) $\Rightarrow 4x \leq 12 \Rightarrow x \leq 3$, also $x \in \{0, 1, 2, 3\}$.

2) Das Modell der Waage. Die Operation die links durchgeführt wird, wird auch rechts durchgeführt, darum heißt es die Methode der Waage.

Wenn man an eine Waage denkt, versteht man besser, wie man mit dieser Methode arbeitet. Beim Modell der Waage verwendet man das Zeichen |, rechts dieses Zeichens schreibt man die Operation, die man beides links und rechts des Gleichzeichens durchführt.

Wir werden dieselben Übungen machen, dieses Mal aber durch das Modell der Waage.

a) $x + 8 = 12$ | − 8, $x = 4$ (8 wird links und auch rechts des Gleichzeichens abgezogen).

b) $2x − 3 = 15$ | + 3, man muss folgenden Scritt ausdenken, ohne ihn aufzuschreiben, aber ich werde ihn jetzt aufschreiben, damit ihr besser versteht: also: $2x − 3 + 3 = 15 + 3$ (- 3 und + 3 verschwinden, weil sie Gegenzahlen sind und $−3 + 3 = 0$) $\Rightarrow$ $2x = 18$ | : 2 (also wir teilen durch 2 links und rechts des Gleichzeichens) $\Rightarrow$ $x = 9$.

c) Löse die Ungleichung $x + 2 < 5$ | -2 in N. Wir erhalten
$x < 3$, $x \in \{0, 1, 2\}$.

d) Löse die Ungleichung $3x + 5 > 34 + 2x$ (Gewöhnlich verwendet man mehr die Methode der entgegengesetzten Rechenoperation bei Ungleichungen, wenn sich die Unbekannte auf einer einzigen Seite der Ungleichung befindet; trotzdem werden wir auch diese Übung durch das Modell der Waage lösen, damit man auch diese Methode gut versteht).

$3x + 5 > 34 + 2x$ | -2x $\Rightarrow$ (man muss folgenden Scritt ausdenken, darum schreibe ich ihn zwischen Klammern, aber ich werde ihn schreiben, damit man besser versteht $3x − 2x + 5 > 34 + 2x − 2x$) $\Rightarrow$ $x + 5 > 34$ | -5 $\Rightarrow$ $x > 29$, $x \Rightarrow$ $\{30, 31, 32, 33, ...\}$.

e) Löse die Ungleichung $4x − 21 \leq 3$.
$4x − 21 \leq 3$ | +21, $4x \leq 24$ | : 4, $x \leq 6$, $x \in \{0, 1, 2, 3, 4, 5, 6\}$.

1.8 Lösung von Problemen mit Hilfe von Gleichungen

Wenn man Probleme mit Hilfe von Gleichungen löst, muss man folgende Schritte durchführen:

1) Variable festlegen
2) Gleichung aufstellen
3) Gleichung lösen
4) Ergebnis interpretieren; Schritt 5 - Probe der Lösung, nicht obligatorisch.

Beispiele

a) Maria hat 231 Bücher in ihrem Bücherregal. Wenn sie Ioana 31 Bücher gäbe, dann hätte Ioana dieselbe Anzahl Bücher wie Maria in ihrem Bücherregal. Wieviele Bücher hatte Ioana anfangs?

Die Schritte:

1) x = Anzahl Bücher Ioana hat am Anfang
2) $x + 31 = 231 - 31$
3) $x + 31 = 200$, $x = 200 - 31$, $x = 169$
4) Ioana hatte 169 Bücher.

b) Wenn die Schüler zu zweit in einer Bank sitzen, bleiben 3 Schüler stehen. Wenn die Schüler zu dritt in einer Bank sitzen, wird eine Bank von einem Schüler besetzt und 3 Bänke bleiben frei. Wieviele Bänke und wieviele Schüler gibt es in der Klasse?

Die Schritte:

1) Was wird als x bezeichnet? Solange ich weiß, wieviele Schüler ich auf jede Bank verteile, wenn ich die Anzahl Bänke wüßte, dann könnte ich die Anzahl Schüler rechnen.

Beispiel

Wenn es 4 Bänke gibt und ich verteile 2 Schüler auf jede Bank, dann werde ich $4 \cdot 2$ Schüler haben, u.zw. 8 Schüler. Alles was ich bis jetzt für Schritt 1 geschrieben habe, muss ich ausdenken, also ich werde x als Anzahl der Bänke bezeichnen.

2) Ich denke darüber nach, ob ich alle Bänke verwende. Ja, also $x \cdot 2$ = die Anzahl Schüler auf die Bänke und 3 bleiben stehen, also: $2x + 3$ = die Anzahl Schüler in der Klasse.

Für den zweiten Satz denke ich darüber nach, wieviele Bänke ich verwende: 3 verwende ich nicht, eine wird von einem Schüler besetzt. Also mit 3 Schülern werden x–4 Bänke sein, $3(x - 4)$ stellt die Anzahl der Schüler dar, die 3 in einer Bank sitzen und es gibt noch einen Schüler, der allein in der Bank sitzt, also: $3 (x - 4)+ 1$ = die Anzahl der Schüler in der Klasse. Also die Gleichung ist: $3 (x - 4) + 1 = 2x + 3$

3) Wir lösen die Klammer auf, indem wir die Distributivität anwenden und die Lösung der Gleichung ist:

$3x - 3 \cdot 4 + 1 = 2x + 3 \Rightarrow 3x - 12 + 1 = 2x + 3 \Rightarrow 3x - 2x = 12 - 1 + 3 \Rightarrow$
$x = 14$

4) Die Anzahl der Bänke ist 14 und die Anzahl der Schüler ist: $2 \cdot 14 + 3$, u.zw. $28 + 3$, also 31 Schüler.

c) Die Differenz zweier Zahlen beträgt 32. Indem man die große Zahl durch die kleine teilt, erhält man den Quotienten 3 und den Rest 6. Finde die zwei Zahlen.

Bei diesem Problem werden wir das Theorem der Division mit Rest und eine der Methoden der Lösung von Gleichungen verwenden. Eigentlich werden es zwei Gleichungen mit zwei Variablen sein; in der siebten Klasse werden wir lernen, dass es ein Gleichungssystem ist.

1) wir bezeichnen die große Zahl mit a und die kleine Zahl mit b;

2) $a - b = 32$

$a = b \cdot 3 + 6$; aus der Eigenschaft des Teilers, der größer als der Rest ist, stellen wir fest, dass $b > 6$.

3) Wenn wir in die erste Gleichung a aus der zweiten Gleichung einsetzen, werden wir in der ersten Folgendes erhalten: $3b + 6 - b = 32$
$\Rightarrow 2b = 32 - 6$ (Achtung, wenn das Glied auf die andere Seite gebracht wird, wird das Vorzeichen verändert) also: $2b = 26 \Rightarrow b = 26 : 2 \Rightarrow$
$b = 13$.

4) Die kleine Zahl ist 13 und die große ist: $a - 13 = 32$ (aus der ersten Gleichung), also $a = 32 + 13$, die große Zahl ist 45.

1.9 Die Ordnung der Durchführung der Operationen und die Verwendung der Klammern

Die Operationen werden in absteigender Reihenfolge der Ordnung durchgeführt: zuerst werden **die Operationen III. Ordnung-Potenzen und Wurzeln** durchgeführt (diese werden später gelernt), dann die **Operationen II. Ordnung-Multiplikationen und Divisionen**,schließlich die **Operationen I. Ordnung- Additionen und Subtraktionen.**

Wenn eine Rechnung Klammern enthält, führen wir zuerst die Operationen aus den runden Klammern durch, dann die Operationen aus den eckigen Klammern, dann die aus den geschweiften Klammern.

Beispiele

a) Löse die Gleichung in der Menge der natürlichen Zahlen:
$3\{6 + 2[3(2x-1) + 5(11-7) - 20] - 8\} = 48$.

Wenn wir die Relation durch 3 durch Modell der Waage teilen und zur gleichen Zeit die Ordnung der Operationen respektieren und auch die Operation aus den runden Klammern durchführen, werden wir Folgendes erhalten:

$6 + 2[3(2x-1) + 5 \cdot 4 - 20] - 8 = 16$	$\mid +8 - 6$
$2[3(2x-1) + 20 - 20] = 18$	$\mid : 2$
$3(2x-1) = 9$	$\mid : 3$
$2x - 1 = 3$	$\mid +1$
$2x = 4$	$\mid : 2$

Und die Lösung ist: $x = 2$. Wir haben das Modell der Waage verwendet, weil es einfacher gewesen ist.

1.10 Die Teilbarkeit der natürlichen Zahlen. Teiler, Vielfaches

Die natürliche Zahl a ist durch die natürliche Zahl b **teilbar,** wenn es eine natürliche Zahl c gibt, so dass: $a = b \cdot c$.

Die Zahl b wird **Teiler** von a genannt; man schreibt $a \vdots b$ und man liest "a ist durch b teilbar" oder man schreibt $b \mid a$ und man liest "b teilt a".

Das bedeutet, dass a genau durch b teilbar ist, also bei einer Division ohne Rest ist der Divisor Teiler des Dividenden. Die Zahl a ist **Vielfaches** von b und c und die Zahlen b und c sind **Teiler** von a.

Bemerkung. Wenn $a \vdots b$ und $a \neq 0$, dann gibt es eine natürliche Zahl c, so dass $a = b \cdot c$, $c \neq 0$. Also es gilt $a = b \cdot c \geq b$, weil die Zahl c größer oder gleich 1 ist (indem sie von Null verschieden ist). Daraus folgt $a \geq b$.

Wir bezeichnen mit V_n die Menge der Vielfachen der natürlichen Zahl n und mit T_n die Menge der Teiler der natürlichen Zahl n.

Die Anzahl der Vielfachen einer **Zahl** ist **unendlich**; die Vielfachenmenge einer natürlichen **Zahl erhält man**, **indem man** diese **Zahl** der Reihe nach mit **allen natürlichen Zahlen multipliziert**. Die Anzahl der Teiler einer Zahl ist endlich.

Beispiele

1) $V_2 = \{0, 2, 4, 6, 8, 10, \ldots\}$. $T_6 = \{1, 2, 3, 6\}$. $T_7 = \{1, 7\}$.

Also wenn $a = b \cdot c$, dann $a \in V_b$ (man liest „a ist Vielfaches von b"), und $a \in V_c$. Oder wir können schreiben $b \in T_a$ und $c \in T_a$ (man liest „b ist Teiler von a" , „c ist Teiler von a").

2) $10 : 2$ (wir lesen „10 ist durch 2 teilbar"), oder $2 \mid 10$ (wir lesen „2 teilt 10"), also wir können schreiben $10 = 2 \cdot 5$, 2 ist Teiler von 10 und 5 ist Teiler von 10 und 10 ist Vielfaches von 2 und von 5.

3) Die Zahl 9 ist durch 2 nicht teilbar (man schreibt 9 $\not{\vdots}$ 2) oder 2 teilt 9 nicht (man schreibt 2 $\not\mid$ 9), weil der Rest der Division von 9 durch 2 verschieden von 0 ist und es gibt keine natürliche Zahl, die man mit 2 multipliziert und als Ergebnis 9 erhält.

4) Die Teiler der Zahl 30 sind: 1, 2, 3, 5, 6, 10, 15 și 30. Der Rest der Division der Zahl 30 durch alle diese Zahlen ist null. Die Vielfachen der Zahl 30 sind: 0, 30, 60, 90 usw.

1.11 Teilbarkeitsregeln

1. Eine Zahl ist durch 2 teilbar, wenn die letzte Ziffer dieser natürlichen Zahl gerade ist $\{0, 2, 4, 6, 8\}$. Beispiele: 2634, 536, 112.

2. Eine Zahl ist durch 3 teilbar, wenn sich die Quersumme dieser natürlichen Zahl durch 3 teilen lässt (u.zw. ist Vielfaches von 3). Beispiele: 1521 ($1 + 5 + 2 + 1 = 9$ und 9 $\vdots$ 3); 342561 ($3 + 4 + 2 + 5 + 6 + 1 = 21$ und 21 $\vdots$ 3).

3. Eine Zahl ist durch 4 teilbar, wenn die Zahl, die aus den letzten 2 Ziffern einer gegebenen Zahl gebildet wird, durch 4 teilbar ist. Beispiele: 33240, 546008, 11236, 1012.

4. Eine Zahl ist durch 5 teilbar, wenn die letzte Ziffer dieser natürlichen Zahl 0 oder 5 ist. Beispiele: 340, 345, 1230, 5625.

5. Eine Zahl ist durch 9 teilbar, wenn die Quersumme dieser natürlichen Zahl ein Vielfaches von 9 ist. Beispiel: 132156 (1 + 3 + 2 + 1 + 5 + 6 = 18 , 18 = M9).

6. Eine Zahl ist durch 10 teilbar, wenn ihre letzte Ziffer 0 ist. Beispiele: 120, 34320, 12200.

7. Eine Zahl ist durch 100 teilbar, wenn ihre letzten 2 Ziffern 00 sind. Beispiele: 200 ,34200 , 10200.

8. Eine Zahl ist durch 11 teilbar, wenn die Quersumme der geraden Stellen minus die Quersumme der ungeraden Stellen (ihre alternierende Quersumme), durch 11 teilbar ist, u. zw. V_{11} (**einschließlich Null**).

$\overline{abc}$:11 wenn a + c - b = 0, bzw. a + c = b

$\overline{abcd}$: 11 wenn a + c = b + d.

Beispiele:

$21\underline{4}3\underline{7}3\underline{4}1\underline{2}$ (2+4+7+4+2-1-3-3-1 = 11), $9\underline{1}8\underline{3}6\underline{0}3$ (9+8+6+3-1-3-0 = 22)

$\overline{abc}$:11 $\Rightarrow$a+c=b, 297 (2+7=9), $\overline{abcd}$: 11 $\Rightarrow$a+c= b+d, 2783 (2+8=7+3)

9. Eine Zahl ist durch 25 teilbar, wenn die letzten 2 Ziffern: 00, 25, 50, 75 sind. Beispiele: 300, 12325,...

Das Produkt zweier aufeinander folgender Zahlen ist durch 2 teilbar, das Produkt dreier aufeinander folgender Zahlen ist durch 3 teilbar, das Produkt vierer aufeinander folgender Zahlen ist durch 4 teilbar.

Also das Produkt n aufeinander folgender Zahlen ist durch n teilbar.

Das Produkt zweier aufeinander folgender Zahlen ist durch 2 teilbar, das Produkt dreier aufeinander folgender Zahlen ist durch 3 teilbar, das Produkt vierer aufeinander folgender Zahlen ist durch 4 teilbar. Also das Produkt n aufeinander folgender Zahlen ist durch n teilbar.

Übungen

1. Bestimme alle Zahlen der Form $\overline{5x2}$, welche

$\overline{5x2}$: 3

Man verwendet die Teilbarkeitsregel durch 3, also 5+x+2$\in$ V3$\Rightarrow$ 7+x = 9 (weil es größer als 7 sein muss) und dann in 3er Schritten, so dass x Ziffer ist. 7+x=12, 7+x=15 und 7+x=18 ist nicht richtig, weil x keine Ziffer ist. Also so viel. X = {2, 5, 8}.

2. Bestimme alle natürlichen Zahlen der Form $\overline{54x}$ die durch 2 teilbar und die durch 3 nicht teilbar sind.

Man verwendet die Teilbarkeitsregel durch 2. $x \in \{0, 2, 4, 6,8\} \Rightarrow 54x \in \{540, 542, 544, 546, 548\}$

Aber die Zahlen müssen nicht durch 3 teilbar sein und weil 5+4+0=9, 9 3 und 5+4+6=15 (durch 3 teilbar) $\Rightarrow x = \{2, 4, 8\}$ die Lösung ist : $\overline{54x} = \{542, 544, 548\}$.

3. Bestimme alle Zahlen der Form $\overline{1x23y}$: 6.

Eine Zahl ist durch 6 teilbar, wenn sie durch 2 und 3 teilbar ist, weil $2 \cdot 3 = 6$ und die Zahlen 2 und 3 haben keinen gemeinsamen Teiler (nur 1). Weil sie durch 2 teilbar ist, ist die letzte Ziffer gerade, also:
$$y \in \{0, 2, 4, 6, 8\}.$$
$\overline{1x23y}$: 3 wenn 1+x+2+3+y $\in$ V3

y = 0 $\Rightarrow$ 1+x+2+3+0 $\in$ V3 $\Rightarrow$ 6 + x $\in$ V3 $\Rightarrow$ x = $\{0, 3, 6, 9\}$
$\Rightarrow \overline{1x23y} \in \{10230, 13230, 16230, 19230\}$.

y = 2 $\Rightarrow$ 1+x+2+3+2 $\in$ V3 $\Rightarrow$ 8+x $\in$ $\{9, 12, 15\}$ $\Rightarrow$ x $\in$ $\{1, 4, 7\}$
$\Rightarrow \overline{1x23y} \in \{11232, 14232, 17232\}$.

y = 4 $\Rightarrow$ 1+x+2+3+4 $\in$ V3 $\Rightarrow$ 10 + x $\in$ $\{12, 15, \quad 18\}$;
wir können mit 21 nicht mehr fortsetzen, weil 21-10 = 11 und 11 keine Ziffer ist, also x $=\{2, 5, 8\}$ $\Rightarrow \overline{1x234} \in$ $\{12234, 15234, 18234\}$.

y = 6 $\Rightarrow$ 1+x+2+3+6 $\in$V3 $\Rightarrow$ 12 + x = $\{12, 15, 18, 21\}$ $\Rightarrow$x $\in$ $\{0, 3, 6, 9\}$ $\Rightarrow$

$\overline{1x236}$ = $\{10236, 13236, 16236, 19236\}$.

y = 8 $\Rightarrow$ 1+x+2+3+8 $\in$ V3 $\Rightarrow$ 14 + x $\in$ $\{15, 18, 21\}$ $\Rightarrow$ x $\in$ $\{1, 4, 7\}$

$\Rightarrow$ $\overline{1x238} \in$ $\{11238, 14238, 17238\}$.

1.12 Primzahlen und zusammengesetzte Zahlen

Die von Null verschiedenen natürlichen Zahlen haben unechte Teiler (1 und die Zahl selbst) und echte Teiler (andere Zahlen außer 1 und der Zahl selbst).

Beispiele:

1 und 6 sind unechte Teiler von 6 und 2 und 3 sind die echten Teiler von 6.

Die Zahlen, die nur zwei Teiler haben, 1 und sich selbst, heißen **Primzahlen**, und die, die mehr als zwei Teiler haben, heißen **zusammengesetzte Zahlen** (wir werden lernen, dass sie aus Primzahlen zusammengesetzt sind).

Eins und null sind weder Prim- noch zusammengesetzte Zahlen, sie sind neutral.

Eins hat als Teiler nur sich selbst, und Null hat eine Menge Teiler, aber nicht sich selbst, da die Division durch 0 keinen Sinn hat.

Die erste Primzahl ist 2. **2 ist die einzige gerade Primzahl.**

Siehe einige Primzahlen:

2, 3, 5, 7, 11, 13, 17, 19, 23, 29,31, 37, 41, 43,...

Die Zahl 9 ist ungerade, aber ist keine Primzahl, weil $9 = 3 \cdot 3$.

Die Zahl 15 ist keine Primzahl, weil $15 = 3 \cdot 5$.

Um festzustellen, ob eine Zahl Primzahl ist, verwenden wir die Methode des griechischen *Mathematikers Eratostenes* (der zwischen 275 und 194 v. Ch. gelebt hat) Diese Methode heißt **"Sieb des Eratostenes"**, weil sie die Zahlen aussiebt.

1	2	3	4	5	6	7	8	9	10
11	12	13	14	15	16	17	18	19	20
21	22	23	24	25	26	27	28	29	30
31	32	33	34	35	36	37	38	39	40
41	42	43	44	45	46	47	48	49	50
51	52	53	54	55	56	57	58	59	60
61	62	63	64	65	66	67	68	69	70
71	72	73	74	75	76	77	78	79	80
81	82	83	84	85	86	87	88	89	90
91	92	93	94	95	96	97	98	99	100

Das Sieb des Eratostenes.

Man beseitigt V2 außer 2 (▮), V3 außer 3, (▮), V5 außer 5, (▮), V7 außer 7 (▮). Wir bemerken, dass V11 schon beseitigt werden (22∈V2, 33∈V3, 44∈V2, 55∈V5, usw); V13 sind schon beseitgt usw. Die Zahlen, die sich in den weißen Zellen der Tabelle befinden, sind Primzahlen (sind keine Vielfachen von 2, 3, 5,...).

Und jetzt einige Beispiele von zusammengesetzen Zahlen: 4, 6, 8, 9,10, 12, 14, 15, 16, 18,...

Jede zusammengesetzte natürliche Zahl kann in ein Produkt von Primfaktoren zerlegt werden.

Beispiele: $12 = 2 \cdot 2 \cdot 3$; $15 = 3 \cdot 5$

Übung. Finde die Primzahlen a, b, c, so dass $a + 2b + 2c = 32$.

Wir bemerken, dass 2 gemeinsamer Faktor ist. Also man erhält: $a + 2(b + c) = 32$, $2(b+c)$ ist gerade und 32 ist gerade.

Wenn man zwei gerade Zahlen addiert, erhält man eine gerade Zahl, daraus folgt, dass auch a gerade ist. Weil a Primzahl ist und die einzelne gerade Primzahl 2 ist, $\Rightarrow$

$a = 2 \Rightarrow 2 + 2(b + c) = 32$, $2(b + c) = 32 - 2 \Rightarrow 2(b + c) = 30 \Rightarrow b + c = 15 \cdot 2 \Rightarrow$ $2(b + c) = 30 \Rightarrow b + c = 15$.

Wenn man zwei ungerade Zahlen addiert, erhält man eine gerade Zahl und wenn man zwei gerade Zahlen addiert, erhält man eine gerade Zahl.

Also wenn die Summe eine ungerade Zahl ist, bedeutet das, dass eine der Zahlen gerade ist und wenn sie auch eine Primzahl ist, bedeutet das, dass die Zahl 2 ist.

Also $b = 2 \Rightarrow 2 + c = 15 \Rightarrow c = 15 - 2 \Rightarrow c = 13$.
Wir erhalten: $a = 2$, $b = 2$, $c = 13$.

1.13 Potenzen der natürlichen ahlen mit natürlichen Exponenten

$4 \cdot 4 \cdot 4$, kann man kurz schreiben 4^3.

a^n bedeutet $a \cdot a \cdot a \cdot \ldots \cdot a$ n Male.

Die Zahl a heißt **Basis** und die Zahl n heißt **Exponent**. Beispiel $2^3 = 2 \cdot 2 \cdot 2 \Rightarrow 2^3 = 8$. 2 heißt Basis und 3 Exponent.

Das Potenzieren ist eine Operation dritter Ordnung und wird vor den Operationen II. Ordnung (Division und Multiplikation) und vor den Operationen I. Ordnung (Addition und Subtraktion) durchgeführt.

1.14 Rechenregeln mit Potenzen

1. $a^1 = a$ - Die erste Potenz jeder Zahl ist gleich der Zahl selbst; $2^1 = 2$, $3^1 = 3$, ...

2. $1^n = 1$ - 1 hoch einen beliebigen Exponenten, ist 1; $1^0 = 1$, $1^3 = 1$, ...

3. $a^0 = 1$ - Jede Zahl ungleich Null hoch 0 ist immer 1; $2^0 = 1$, $34^0 = 1$...

4. $0^n = 0$ - n ungleich Null; $0^3 = 0$, $0^{123} = 0$, ...

5. $a^m \cdot a^n = a^{m+n}$ - Multiplizieren von Potenzen mit derselben Basis: wir schreiben die Basis und addieren die Exponenten; $2^3 \cdot 2^2 = 2^5$

6. $a^m : a^n = a^{m-n}$ - Division von Potenzen mit derselben Basis: wir schreiben die Basis und subtrahieren die Exponenten; $2^7 : 2^3 = 2^4$

7. $(a^m)^n = a^{m \cdot n}$ - die Potenz einer Potenz: wir schreiben die Basis und multiplizieren die Exponenten; $(2^3)^2 = 2^6$

8. $(a \cdot b)^n = a^n \cdot b^n$ - die Potenz eines Produktes: wir potenzieren jeden Faktor mit dem gegebenen Exponenten. $2^n \cdot 5^n = (2 \cdot 5)^n = 10^n$

Übungen

1. Berechne: $[(2 \cdot 3^2)^3]^4 - (2^4 \cdot 3^8)^3 = (2^3 \cdot 3^6)^4 - 2^{12} \cdot 3^{24} =$
$= 2^{12} \cdot 3^{24} - 2^{12} \cdot 3^{24} = 0$

2. Berechne: $\{[2^3 \cdot (2^7 \cdot 2^3)^4]^2 \cdot (2^8)^3 \cdot 2^7\} : 2^{60} - \{[2^3 \cdot (2^5)^4]^2 \cdot 2^{24} \cdot 2^7\} : 2^{60}$
$= \{[2^3 \cdot (2^5)^4]^2 \cdot 2^{24} \cdot 2^7\} : 2^{60} = \{[2^3 \cdot 2^{20}]^2 \cdot 2^{24} \cdot 2^7\} : 2^{60} = \{[2^{23}]^2 \cdot 2^{24} : 2^7\} : 2^{60} = \{2^{46} \cdot 2^{24} : 2^7\} :$
$2^{60} = \{2^{46+24-7}\} : 2^{60} = 2^{63} : 2^{60} = 2^3 = $ 8

3. $a = [(3^2 \cdot 5^3)^2]^3 : 3^2 - (3 \cdot 5^2)^8$ Auf wieviele Nullen endet die Zahl a?

$a = (3^4 \cdot 5^6)^3 : 3^2 - 3^8 \cdot 5^{16}$

$a = (3^{12} \cdot 5^{18}) : 3^2 - 3^8 \cdot 5^{16}$

$a = 3^{10} \cdot 5^{18} - 3^8 \cdot 5^{18}$

$a = 3^8 \cdot 5^{18}(3^2 - 1)$

$a = 3^8 \cdot 5^{18}(9 - 1)$

$a = 3^8 \cdot 5^{18} \cdot 8$

$a = 3^8 \cdot 5^{18} \cdot 2^3$

$a = 3^8 \cdot 5^{15} \cdot 5^3 \cdot 2^3$

$a = 3^8 \cdot 5^{15} \cdot 10^3$

Also, a endet auf 3 Nullen.

Auf wieviele Nullen endet A, wenn $A = a \cdot b$ und $a = 2^{24} \cdot 3^{12} \cdot 5^{43} \cdot 7^4$
si $b = 2^{33} \cdot 3^{33} \cdot 5^{22} \cdot 7^{11}$?

$A = 2^{24} \cdot 3^{12} \cdot 5^{43} \cdot 7^4 \cdot 2^{33} \cdot 3^{33} \cdot 5^{22} \cdot 7^{11}$

$\Rightarrow A = 2^{24+33} \cdot 3^{12+33} \cdot 5^{43+22} \cdot 7^{4+11}$

$\Rightarrow A = 2^{57} \cdot 3^{45} \cdot 5^{65} \cdot 7^{15}$

10 besteht aus 2 und 5 und wir können 2 und 5 mit dem Exponenten 57 potenzieren.

$A = 2^{57} \cdot 5^{57} \cdot 5^8 \cdot 3^{45} \cdot 7^{15} \Rightarrow A = (2 \cdot 5)^{57} \cdot 5^8 \cdot 3^{45} \cdot 7^{15}$

$\Rightarrow A = 10^{57} \cdot 5^8 \cdot 3^{45} \cdot 7^{15} \Rightarrow A$ endet auf 57 Nullen

1.15 Bezeichnungen der Größenordnungen

Wert	Verwendung in Rumänien
10^3	Tausend
10^6	Million
10^9	Milliarde
10^{12}	Billion ($10^3 \cdot 10^9$ = Tausend Milliarden)

1.16 Die Zerlegung der natürlichen Zahlen in Produkt von Primfaktoren

Für die Zerlegung der natürlichen Zahlen in ein Produkt von Primfaktoren verwendet man die Teilbarkeitsregeln.

Beispiel:
Zerlege die Zahlen: 3600, 140 und 27984.
3600 endet auf 2 Nullen; indem wir uns an die Potenzen erinnern, können wir sagen, dass die Zahl 3600 durch $2^2 \cdot 5^2$ teilbar ist; diese **Zahlen**, die miteinander **multipliziert** werden, ergeben 100; es verbleibt 36 und wir bemerken, dass wir die Teilbarkeit durch 2 verwenden können; wenn die Teilbarkeit durch 2 nicht mehr verwendet werden kann, überprüfen wir die Teilbarkeit durch 3, 5, 7, 11 (die nächsten Primzahlen) usw. bis wir die Zahl in Primfaktoren zerlegen.

3600	$2^2 \cdot 5^2$		140	$2 \cdot 5$		27984	2
36	2		14	2		13992	2
18	2		7	7		6996	2
9	3		1			3498	2
3	3					1749	3
1						583	11
						53	53
						1	

Also wir können schreiben: $3600 = 2^4 \cdot 3^2 \cdot 5^2$; $140 = 2^2 \cdot 5 \cdot 7$; $27984 = 2^4 \cdot 3 \cdot 11 \cdot 53$.

Die Anzahl der Teiler einer natürlichen Zahl bestimmt man auf folgende Weise: man muss die Zahl in Primfaktoren zerlegen und die um 1 erhöhten vorkommenden Exponenten miteinander multiplizieren. Eine Zahl, die in Primfaktoren zerlegt wurde: $x^a \cdot y^b$ hat $(a + 1) \cdot (b + 1)$ Teiler.

Beispiel: Die Anzahl der Teiler der Zahl 3600 ist $(4 + 1) \cdot (2 + 1) \cdot (2 + 1) = 45$ Teiler, weil $3600 = 2^4 \cdot 3^2 \cdot 5^2$.

Eine Zahl ist **Quadratzahl**, wenn sie in eine Potenz mit Exponenten 2 oder in eine Potenz mit geradem Exponenten zerlegt werden kann. Beispiele: $4 = 2^2$, $16 = 4^2$ sau $16 = (2^2)^2 \Rightarrow 16 = 2^4$ also eine Quadratzahl kann in ein Produkt von zwei gleichen Zahlen zerlegt werden, weil $a^2 = a \cdot a$.

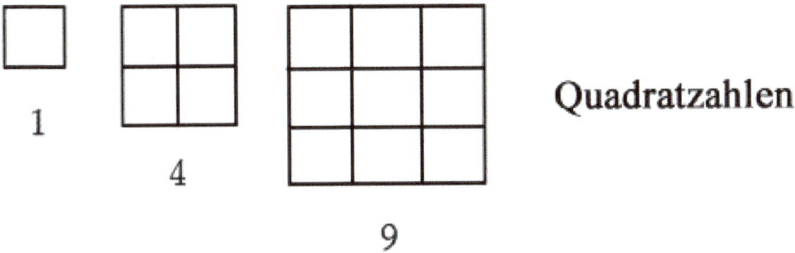

Quadratzahlen

1   4   9

Wir bemerken, dass $0 \cdot 0 = 0$, $1 \cdot 1 = 1$, $2 \cdot 2 = 4$, $3 \cdot 3 = 9$, $4 \cdot 4 = 16$, $5 \cdot 5 = 25$, $6 \cdot 6 = 36$, $7 \cdot 7 = 49$, $8 \cdot 8 = 64$, $9 \cdot 9 = 81$.

Alle Ziffern, die mit sich selbst multipliziert werden, haben als letzte Ziffer: 0, 1, 4, 5, 6, 9, also **die letzte Ziffer einer Quadratzahl** kann nur 0, 1, 4, 5, 6, 9 sein.

Wenn eine Zahl als letzte Ziffer 2, 3, 7 sau 8 hat, ist keine Quadratzahl; genauso eine Zahl ist keine Quadratzahl, wenn sie sich zwischen zwei aufeinander folgenden Quadratzahlen befindet.

Beispiele:

1) 124, befindet sich zwischen 121 und 144, also $11^2 = 121 < 124 < 144 = 12^2$, 124 ist keine Quadratzahl.

2) 12345 ist keine Quadratzahl, obwohl die letzte Ziffer 5 ist; wenn wir die Teilbarkeitsregel verwenden, ist 12345 durch 5 teilbar, aber ist durch 25 nicht teilbar, oder wir bemerken, dass 1+2+3+4+5=15 und 15 ist durch 3 teilbar aber ist durch 9 nicht teilbar; die Zahl ist also keine Quadratzahl.

3) 238 ist keine Quadratzahl, weil die letzte Ziffer 8 ist.

4) Die Zahl $5n + 3$ ist keine Quadratzahl, weil $5n$ auf 0 endet, wenn n gerade ist und auf 5 wenn n ungerade ist. Wenn wir zum Ergebnis 3 addieren, erhalten wir als letzte Ziffer 3 oder 8. Die Zahl kann also keine Quadratzahl sein.

5) Die Zahl 9^3 ist Quadratzahl weil $9^3 = (3^2)^3 = 3^6$ ist also Quadratzahl, weil der Exponent gerade ist.

Eine Zahl ist Kubikzahl, wenn sie in eine Potenz mit **Exponenten 3** oder in ein **Vielfaches von 3** zerlegt werden kann. Beispiel. 2^3, 2^6, 4^{12}, usw.

1.17 Der größte gemeinsame Teiler, das kleinste gemeinsame Vielfache

Die Teiler von 6 sind: **1**, **2**, 3, 6. Die Teiler von 8 sind: **1**, **2**, 4, 8. Die gemeinsamen Teiler der Zahlen 6 und 8 sind 1 und 2. Ihr größter gemeinsamer Teiler ist 2. Der kleinste gemeinsame Teiler zweier natürlicher Zahlen ist immer 1.

Die Vielfachen von 2 sind: 0, 2, 4, **6**, 8, 10, **12**, ... Die Vielfachen von 3: 0, 3, 6, 9, 12, ... Das kleinste gemeinsame Vielfache ist 6. Das größte gemeinsame Vielfache existiert nicht.

1) Der größte gemeinsame Teiler (mit ggT bezeichnet oder die Zahlen in runden Klammern geschrieben) ist das Produkt der gemeinsamen Primfaktoren jeweils in ihrer kleinsten Potenz.

2) Das kleinste gemeinsame Vielfache (mit kgV bezeichnet der die Zahlen in eckigen Klammern geschrieben) ist das Produkt aller Primfaktoren (gemeinsam und nicht gemeinsam), jeweils in ihrer höchsten Potenz.

3) Zwei Zahlen, welche den ggT 1 haben, nennt man teilerfremde Zahlen. Die Zahlen a und b sind teilerfremd wenn $(a, b) = 1$. Das bedeutet, dass sie keine gemeinsamen Teiler größer als 1 haben.

Gelöste Übungen

1) $(150; 504) = ?$ $\quad 150 = 2 \cdot 3 \cdot 5^2$

$\underline{504 = 2^3 \cdot 3^2 \cdot 7}$

$\text{ggT} = 2 \cdot 3 \Rightarrow (150; 504) = 6$

2) $[150; 504] = ?$ $\quad 150 = 2 \cdot 3 \cdot 5^2$

$\underline{504 = 2^3 \cdot 3^2 \cdot 7}$

$\text{kgV} = 2^3 \cdot 3^2 \cdot 5^2 \cdot 7$

$[150; 504] = 8 \cdot 9 \cdot 25 \cdot 7 \quad [150; 504] = 12600$

3) Sind die Zahlen 170 und 81 teilerfremd ?

$170 = 2 \cdot 5 \cdot 17$

$\underline{81 = 3^4}$

$\text{ggT} = 1$

Also die Zahlen sind teilerfremd.

1.18 Eigenschaften der Teilbarkeit der natürlichen Zahlen

Die folgenden Übungen sind sehr nützlich für die Lösung der Übungen:

1. Jede natürliche Zahl ist durch 1 teilbar.

a ∶ 1   ∀ ∈ **N**

Beispiele: 2 ∶ 1;   3 ∶ 1.

2. Jede natürliche Zahl ist ihr eigener Teiler. Diese Eigenschaft heißt Reflexivität.

a ∶ a   ∀ a ∈ **N**

Beispiele: 3 ∶ 3; 8 ∶ 8.

3. 0 ist durch jede von 0 verschiedene natürliche Zahl teilbar.

0 ∶ a ∀ a ∈ **N***

Beispiele: 0 ∶ 5 weil 0 = 5 · 0; 0 ∶ 12 weil 0 = 12 · 0.

4. Wenn sich a durch b und b durch c teilen lässt, so ist a durch c teilbar. Das ist die Transitivitätseigenschaft.

a ∶ b und b ∶ c   ⇒ a ∶ c

Also wenn a durch b teilbar ist, dann ist a durch jeden Teiler von b teilbar.

Beispiel: 16 ∶ 8 und 8 ∶ 2, also 16 ∶ 2.

Die Zahl 16, die durch 8 teilbar ist, ist durch alle Teiler von 8, also auch durch 1, 2, 4 teilbar.

5. Wenn a durch b teilbar ist und b durch a teilbar ist, dann a = b. Diese Eigenschaft heißt Antisymmetrie.

a ∶ b und b ∶ a ⇒ a = b

Erklärung. a ∶ b ⇒ a ≥ b; b ∶ a ⇒ b ≥ a. Aus a ≥ b und b ≥ a folgt a = b.

6. Wenn a und b durch c teilbar sind, so ist auch ihre Summe und ihre Differenz durch c teilbar.

a ∶ c und b ∶ c ⇒   (a + b) ∶ c

a ∶ c und b ∶ c ⇒   (a - b) ∶ c

Beispiel: 9 und 15 sind durch 3 teilbar, die Summe 24 und die Differenz 6 sind durch 3 teilbar.

7. Wenn a durch b teilbar ist, dann ist das Produkt von a mit jeder natürlichen Zahl durch b teilbar.

$a \vdots b \Rightarrow a \cdot c \vdots b$

Beispiele: $6 \vdots 3 \Rightarrow 6 \cdot 5 \vdots 3 \Rightarrow 30 \vdots 3$.

8. Wenn die Summe oder die Differenz zweier natürlicher Zahlen durch die Zahl c teilbar ist, und eins der Glieder auch durch c teilbar ist, dann ist auch das andere Glied durch c teilbar.

$(a + b) \vdots c \text{ und } a \vdots c \Rightarrow b \vdots c$

$(a - b) \vdots c \text{ und } a \vdots c \Rightarrow b \vdots c$

Beispiel: $14 + b \vdots 7 \text{ und } 14 \vdots 7 \Rightarrow b \vdots 7$.

9. Wenn a durch b und c teilbar ist und diese teilerfremd sind, dann ist a auch durch ihr Produkt teilbar.

$a \vdots b \text{ und } a \vdots c \text{ und } (b ; c) = 1 \Rightarrow a \vdots b \cdot c$

Beispiel: Wenn a durch 2 und 3 teilbar ist, dann ist a auch durch 6 teilbar, weil $(2 , 3) = 1$.

10. Wenn $(a, b) = t$ dann die Zahlen a und b können auf folgende Weise geschrieben werden: $a = t \cdot n, b = t \cdot m$, für $(n , m) = 1$.

Erklärung

Wenn $(a, b) = t$, dann t ist gemeinsamer Teiler der Zahlen a und b, also $a = t \cdot n, b = t \cdot m$ (aus der Definition der Teilbarkeitsrelation).
Wenn wir $(n, m) = 1$ nicht hätten, dann $(n, m) = t1 \geq 2$.

Die Zahl t1, als Teiler von m und n: $n \vdots t1$ und $m \vdots t1$,

also $n = t1 \cdot e, \ m = t1 \cdot f$. Dann hätten wir:

$a = t \cdot n = t \cdot t1 \cdot e = (t \cdot t1) \cdot e$

$b = t \cdot m = t \cdot t1 \cdot f = (t \cdot t1) \cdot f$

Daraus würde folgen, dass die Zahlen a und b den gemeinsamen Teiler $t \cdot t1 > t$ haben, w a s **widerspräche der Tatsache**, dass t der größte gemeinsame Teiler ist.

11. Das Produkt zweier Zahlen ist gleich dem Produkt von ggT und kgV.

$a \cdot b = (a , b) \cdot [a , b], \quad \forall \quad a, b \in \mathbf{N}$

Bemerkung. Diese Formel erlaubt uns schnell [a; b] zu berechnen, wenn wir a · b und (a; b) kennen .

Beispiel: $a = 4, \quad b = 6.$ $\quad (4, 6) = 2.$ $\quad [4, 6] = 12.$

Wir haben die Gleichheit: $4 \cdot 6 = 2 \cdot 12.$

Gelöste Übungen

1. Finde die Zahlen, deren Produkt 440 und deren kgV 220 ist.

Lösung: die Zahlen a und b, $a \cdot b = 440$ und $[a , b] = 220.$ Die Relation $a \cdot b = (a, b) \cdot [a, b]$ schreibt man:

$440 = (a , b) \cdot 220 \quad | : 220 \qquad \Rightarrow \quad (a , b) = 2 \Rightarrow a = 2x$ und

$b = 2y$, x und y teilerfremd $\Rightarrow a \cdot b = 2x \cdot 2y \qquad \Rightarrow 440 = 4xy$

$\Rightarrow xy = 110.$

Wir zerlegen die Zahl 110 in Primfaktoren: $10 \cdot 11, 2 \cdot 55$ oder $5 \cdot 22.$ Wir haben folgende Varianten:

$x = 10$ und $y = 11 \Rightarrow a = 20, \qquad b = 22$

$x = 2$ und $y = 55 \Rightarrow a = 4, \qquad b = 110$

$x = 5$ und $y = 22 \Rightarrow a = 10, \qquad b = 44$

2. Die Summe zweier Zahlen beträgt 50 und der größte gemeinsame Teiler ist 10. Wie heißen die Zahlen ?

Lösung: $a + b = 50$

$(a , b) = 10 \circledcirc a = 10x$ und $b = 10y,$ x und y teilerfremd $a + b = 50$

wird: $10x + 10y = 50 \Rightarrow 10(x + y) = 50 \Rightarrow x + y = 5.$

Wir haben folgende Varianten:

$x = 1$ und $y = 4,$ also $a = 10$ und $b = 40$ (oder $x = 4$ und $y = 1,$

also $a = 40$ und $b = 10).$

$x = 2$ und $y = 3,$ also $a = 20$ und $b = 30.$

3. Wenn die Zahl $7x + 8y$ durch 5 teilbar ist, dann $2x+3y$ ist auch durch 5 teilbar.

Lösung: $5 \vdots 5,$ also $5x \vdots 5$ und $5y \vdots 5.$ Durch Addition erhalten wir: $5x + 5y \vdots 5$

Die Zahlen $7x+8y$ und $5x+5y$ sind durch 5 teilbar, ihre Differenz ist auch durch 5 teilbar.

$[(7x + 8y) - (5x + 5y)] \vdots 5 \quad \Rightarrow \quad (7x + 8y - 5x - 5y) \vdots 5 \Rightarrow (2x + 3y) \vdots 5.$

1.19. Gelöste Übungen

Wir werden jetzt einige Übungen machen, um die Theorie zu verwenden; wir werden betonen, was wichtig ist, damit ihr so gut wie möglich verstehen könnt.

1. Wenn man die Zahlen 1211, 307 und 278 durch dieselbe Zahl teilt, erhält man die Resten 11, 7 bzw. 8. Finde die Zahl, wodurch sie geteilt wurde.

Lösung: Wir bemerken, dass es hier Divisionen mit Rest haben, also wir müssen das Theorem der Division mit Rest verwenden: $d = t \cdot q + r$, mit der Eigenschaft dass $r < t$. Weil der größte Rest 11 ist, stellen wir die Bedingung, dass $t > 11$. Wenn wir die Methode der Waage verwenden, ehalten wir:

$$1211 = t \cdot q_1 + 11 \quad | \quad - 11$$
$$307 = t \cdot q_2 + 7 \quad | \quad - 7$$
$$278 = t \cdot q_3 + 8 \quad | \quad - 8$$

$$1200 = t \cdot q_1$$
$$300 = t \cdot q_2$$
$$270 = t \cdot q_3$$

Wir bemerken, dass alle diese Zahlen t als gemeinsamen Teiler haben, also wir müssen den ggT (1200, 300, 270) berechnen. Die Zahl t wird ein Teiler dieses ggTs.

$$1200 = 2^4 \cdot 3 \cdot 5^2$$
$$300 = 2^2 \cdot 3 \cdot 5^2$$
$$\underline{270 = 2 \cdot 3^3 \cdot 5}$$
$$ggT = 2 \cdot 3 \cdot 5 = 30$$

Man muss die Zahl t unter den Teilern von 30 suchen, aber für $t > 11$. Wir erhalten $I \in \{15; 30\}$.

Bei dieser Übung haben wir das Theorem der Division mit Rest und den ggT verwendet.

2. Finde die kleinste natürliche Zahl, welche durch 6, 9 und 8 geteilt den Rest 1 ergibt.

Lösung. Im Unterschied zur vorherigen Übung, bemerken wir, dass wir hier denselben Rest haben; wir werden aber wieder das Theorem der Division mit Rest verwenden. Wir nehmen an, dass die kleinste natürliche Zahl, die die Bedingungen respektiert, a ist:

$$a = 6 \cdot q_1 + 1$$
$$a = 9 \cdot q_2 + 1$$
$$a = 8 \cdot q_3 + 1$$

Wenn der Quotient nicht angegeben wird, werden wir zwei Fälle haben:

Fall I. Der Quotient ist Null. Weil 1 : 6= 0 Rest 1, 1:9= 0 Rest 1, 1:8= 0 Rest 8, wird die kleinste Zahl 1.

Fall II. Der Quotient ist von Null verschieden. Wir bringen die Zahl 1 nach links

$a - 1 = 6 \cdot c_1$ $a - 1 = 9 \cdot c_2$ $a - 1 = 8 \cdot c_3$

⇒ a–1 ist Vielfaches von 6, 9, 8.

Weil wir die kleinste Zahl finden möchten, werden wir das kleinste gemeinsame Vielfache wählen: $a - 1 = [6, 9, 8]$

$$6 = 2 \cdot 3$$
$$9 = 3^2$$
$$\underline{8 = 2^3}$$
$$\text{kgV} = 2^3 \cdot 3^2 \ \Rightarrow \ a - 1 = 8 \cdot 9 \ \Rightarrow \ a - 1 = 72 \ \Rightarrow \ a = 73.$$

3. Finde die kleinste natürliche Zahl, welche durch 5 geteilt den Rest 3 ergibt, durch 7 geteilt den Rest 5 ergibt, durch 9 geteilt den Rest 7 ergibt und durch 6 geteilt den Rest 4 ergibt.

Lösung: Man verwendet wieder das Theorem der Division mit Rest.

Wir bezeichnen die gesuchte Zahl mit a:

$$a = 5c_1 + 3$$
$$a = 7c_2 + 5$$
$$a = 9c_3 + 7$$
$$a = 6c_4 + 4$$

Wir können den Rest nicht mehr nach links bringen, weil wir nicht mehr dieselbe Zahl haben werden, sondern a – 3, a – 5 usw. Wir versuchen, dass dieselbe Zahl Vielfaches von 5, 7, 9 und 6 ist. Wir bemerken, dass die Differenz zwischen Teiler und Rest die gleiche ist und zwar 2.

Also, wenn wir durch die Methode der Waage 2 addieren werden, werden wir Folgendes erhalten:

$$a + 2 = 5q_1 + 5 \qquad a + 2 = 5(q_1 + 1)$$
$$a + 2 = 7q_2 + 7 \quad \Rightarrow \quad a + 2 = 7(q_2 + 1) \quad \Rightarrow \quad a + 2 = [5, 7, 9, 6]$$
$$a + 2 = 9q_3 + 9 \qquad a + 2 = 9(q_3 + 1)$$
$$a + 2 = 6q_4 + 6 \qquad a + 2 = 6(q_4 + 1)$$

$$5 = 5$$
$$7 = 7$$
$$9 = 3^2$$
$$\underline{6 = 2 \cdot 3}$$
$$\text{kgV.} = 2 \cdot 3^2 \cdot 5 \cdot 7 \Rightarrow a + 2 = 2 \cdot 9 \cdot 5 \cdot 7 \Rightarrow a + 2 = 630 \Rightarrow a = 630 - 2$$
$$\Rightarrow a = 628.$$

4. Finde alle Zahlen der Form $\overline{37x7}$ welche durch 28 geteilt den Rest 3 ergeben.

Lösung: Wieder die Division mit Rest; nachdem wir das Theorem verwenden werden, werden wir eine natürliche Zahl im Zehnersystem zerlegen, dann die Eigenschaften der Teilbarkeitsrelation verwenden:

$$\overline{37x7} = 28c_1 + 3 \Rightarrow \overline{37x7} - 3 = 28c_1 \Rightarrow \overline{37x4} = 28c_1 \Rightarrow \overline{37x4} : 28$$

Wir verwenden die Zerlegung einer natürlichen Zahl im Zehnersystem:

$$\overline{37x4} = 3000 + 700 + 10x + 4 = 3704 + 10x \Rightarrow (3704 + 10x) : 28, \text{ und}$$

dann verwenden wir das Theorem der Division mit Rest für die Zahl 3704; wir erhalten:

$$3704 = 28 \cdot 132 + 8 \Rightarrow (28 \cdot 132 + 8 + 10x) : 28.$$

Jetzt müssen wir uns an die Eigenschaften der Teilbarkeitsrelation erinnern $(28 \cdot 132 + \mathbf{8 + 10x}) : 28$ und $28 \cdot 132 : 28 \qquad \Rightarrow (8 + 10x) : 28$.

Also $10x + 8$ ist Vielfaches von 28, bzw $28 \cdot 0$, $28 \cdot 1$, $28 \cdot 2$, $28 \cdot 3$, usw.

Die erste Variante ist $10x + 8 = 0 \Rightarrow 10x = -8$, unmöglich.

Die zweite Variante ist $10x + 8 = 28 \Rightarrow 10x = 20 \Rightarrow \mathbf{x = 2}$.

Die dritte Variante ist $10x + 8 = 56 \Rightarrow 10x = 48$, unmöglich

Die vierte Variante ist $10x + 8 = 84 \Rightarrow 10x = 76$, unmöglich.

Die fünfte Variante ist $10x + 8 = 112 \Rightarrow 10x = 104 > 100 \Rightarrow x > 10 \Rightarrow x$ ist keine Ziffer.

Weiterhin werden wir keine Ziffer erhalten. Die einzige Lösung ist $x = 2$, also die gesuchte Zahl ist $\overline{37x7} = = 3727$.

Wir haben mit vier Arten von Übungen gearbeitet, wobei wir das Theorem der Division mit Rest verwendet haben. Jetzt werden wir mit Übungen arbeiten, wobei wir die Eigenschaften der Teilbarkeitsrelation verwenden werden.

5. Finde zwei von 0 verschiedene natürliche Zahlen, deren Summe 75 beträgt und deren ggT 75 ist.

Lösung. Wenn wir die Zahlen mit a und b bezeichnen, können wir die Hypothese und die Schlussfolgerung mathematisch schreiben.

$$a + b = 75$$
$$\underline{(a, b) = 15}$$
$$a = ? \quad b = ?$$

Wir bemerken dass, ggT 15 ist, also $a = 15x$, $b = 15y$, $(x, y) = 1$. Wenn wir $a = 15x$ und $b = 15y$ in die Relation $a + b = 75$ einsetzen, werden wir Folgendes erhalten:

$15x + 15y = 75 \Rightarrow 15(x + y) = 75 \mid :15 \Rightarrow x + y = 5 \Rightarrow$ Die Lösungen sind:

$$x = 1 \Rightarrow \quad a = 15 \quad x = 2 \quad a = 30$$
$$y = 4 \Rightarrow \quad b = 60 \quad y = 3 \quad b = 45$$

Bemerkung. Wir mussten "zwei von 0 verschiedene natürliche Zahlen" finden. War diese Angabe, dass die zwei natürlichen Zahlen von 0 verschieden sein sollen, nötig?

Wenn $a = 0$ und $a + b = 75$, dann $b = 75$.

In diesem Fall ggT $(a, b) = $ ggT $(0, 75) = 75 \neq 15$, weil $75 : 75$, $0 : 75$, und 75 die größte Zahl mit diesen Eigenschaften ist.

Die Bedingung ggT $(a, b) = 15$ konnte nicht erfüllt werden. Also die Bedingung, dass die zwei natürlichen Zahlen von 0 verschieden sein sollen, war nicht nötig.

Diese Bedingung folgt aus: $a + b = 75$ und $(a, b) = 15$.

6. Finde zwei natürliche Zahlen, deren Produkt 480 und deren kgV 120 ist.

Lösung:

$$a \cdot b = 480$$
$$\underline{[a, b] = 120}$$
$$a = ? \quad b = ?$$

Die einzige Formel von den Eigenschaften der Teilbarkeitsrelation, die sich auf das kgV bezieht, ist:

$a \cdot b = (a, b) \cdot [a, b]$ also:

$480 = (a, b) \cdot 120 \qquad | : 120 \Rightarrow 4 = (a, b) \Rightarrow (a, b) = 4 \Rightarrow$

$a = 4x, b = 4y, (x, y) = 1$.

Die Relation $a \cdot b = 480$ schreibt man $4x \cdot 4y = 480 \quad | : 16 \Rightarrow$

$x \cdot y = 30 \Rightarrow x = 1 \Rightarrow a = 4 \quad x = 2 \Rightarrow a = 8 \quad x = 3 \Rightarrow a = 12 \quad x = 5 \Rightarrow$

$a = 20$

$y = 30 \Rightarrow b = 120 \quad y = 15 \Rightarrow b = 60 \quad y = 10 \Rightarrow b = 40 \quad y = 6 \Rightarrow b = 24$

7. Auf dem Schulhof gibt es zwischen 370 und 400 Schüler. Wie viele Schüler sind es, wenn sie sich in Reihen zu je 6, 12 und 18 aufstellen können?

Lösung: Die Anzahl der Schüler ist das gemeinsame Vielfaches von 6, 12 und 18. Wir berechnen $[6, 12, 18]$.

$$6 = 2 \cdot 3$$
$$12 = 2^2 \cdot 3$$
$$\underline{18 = 2 \cdot 3^2}$$
$$\text{kgV} = 2^2 \cdot 3^2 \quad \Rightarrow \quad [6, 12, 18] = 36.$$

Wenn es auf dem Schulhof zwischen 370 und 400 Schüler gibt, daraus folgt, dass es 36·11 = 396 Schüler gibt.

8. $A = 3^8 \cdot 5^7 \cdot 7^9$ und $B = 2^{11} \cdot 3^7 \cdot 7^{22}$. Auf wieviele Nullen endet die Zahl $A \cdot B$?

Lösung: $A \cdot B = 3^{8+7} \cdot 2^{11} \cdot 5^7 \cdot 7^{9+22} \Rightarrow A \cdot B = 3^{15} \cdot 2^4 \cdot 2^7 \cdot 5^7 \cdot 7^{31} \Rightarrow$

$A \cdot B = 3^{15} \cdot 2^4 \cdot (2 \cdot 5)^7 \cdot 7^{31} \Rightarrow A \cdot B = 3^{15} \cdot 2^4 \cdot 10^7 \cdot 7^{31} \Rightarrow A \cdot B$ endet auf 7 Nullen.

9. Finde alle Zahlen der Form $\overline{4x6y}$ welche durch 6 teilbar sind.

Lösung: Wenn eine Zahl durch 6 teilbar ist, bedeutet, dass sie durch 2 und 3 teilbar ist (die Teiler von 6, die teilerfremd sind, und $2 \cdot 3 = 6$), also man verwendet die Teilbarkeitsregeln durch 2 und 3. Eine Zahl ist durch 2 teilbar, wenn ihre letzte Ziffer 0, 2, 4, 6, 8 ist und ist durch 3 teilbar, wenn die Quersumme durch 3 teilbar ist.

Daraus folgt, $y = 0$, $\overline{4x6\,y} : 3$ wenn $4 + x + 6 + 0 \in V_3 \Rightarrow$

$10 + x = \{12, 15, 18\}$ (x ist Ziffer, also $x \le 9$, $10 + x \le 19$) $\Rightarrow$

$x \in \{2, 5, 8\} \Rightarrow \overline{4x6\,y} \in \{4260, 4560, 4860\}$.

$y = 2 \Rightarrow \overline{4x6y} : 3$ if $4 + x + 6 + 2 \in M_3 \Rightarrow x \in \{0, 3, 6\} \Rightarrow \overline{4x62} \in \{4062, 4362, 4662\}$.

$y = 4 \Rightarrow \overline{4x6y} : 3$ if $4+x+6+4 \in M_3 \Rightarrow x \in \{1, 4, 7\} \Rightarrow \overline{4x64} \in \{4164, 4464, 4764\}$.

$y = 6 \Rightarrow \overline{4x6y} : 3 \Rightarrow$ if $4+x+6+6 \in M_3 \Rightarrow x \in \{2, 5, 8\}$, $\overline{4x66} \in \{4266, 4566, 4866\}$.

$y = 8 \Rightarrow \overline{4x6y} : 3 \Rightarrow 4 + x + 6 + 8 \in M_3 \Rightarrow x \in \{0, 3, 6, 9\}$, $\overline{4x68} = \{4068, 4368, 4668, 4968\}$.

Zum Schluss: $\overline{4x6y} = \{4260, 4560, 4860, 4062, 4362, 4662, 4164, 4464, 4764, 4266, 4566, 4866, 4068, 4368, 4668, 4968\}$.

10. Finde die kleinste Zahl, die durch 9, 10 und 12 teilbar ist.

Lösung: Wenn diese Zahl durch 9, 10 und 12 teilbar ist, bedeutet das, dass sie Vielfaches von 9, 10 und 12 ist.

Weil man die kleinste Zahl mit dieser Eigenschaft finden muss, wird man [9, 10, 12] berechnen.

$$9 = 3^2$$
$$10 = 2 \cdot 5$$
$$\underline{12 = 2^2 \cdot 3}$$
$$\text{kgV.} = 2^2 \cdot 3^2 \cdot 5 \Rightarrow \text{kgV.} = 180.$$

Diese ist die gesuchte Zahl.

11. Finde alle Zahlen der Form $\overline{2x3y} : 15$.

Lösung: Wenn ist eine Zahl durch 15 teilbar?

Wenn sie durch 3 und 5 teilbar ist, weil $3 \cdot 5 = 15$ und $(3, 5) = 1$.

$\overline{2x3y} : 15$ wenn sie durch 3 und 5 teilbar ist.

$\overline{2x3y} : 5 \Rightarrow y \in \{0, 5\}$

$\overline{2x3y} : 3 \Rightarrow 2 + x + 3 + y \in M_3 \Rightarrow 5 + x + y \in M_3$

a) $y = 0$ $\overline{2x30} : 3 \Rightarrow 5 + x \in M_3 \Rightarrow \overline{2x30} \in \{2130, 2430, 2730\}$

b) $y = 5$ $\overline{2x35} : 3 \Rightarrow 5 + x + 5 \in M_3 \Rightarrow \overline{2x35} \in \{2235, 2535, 2835\}$

Also $\overline{2x3y} \in \{2130, 2430, 2730, 2235, 2535, 2835\}$

12. Wieviele Teiler hat die Zahl 936?

Lösung: Eine in Primfaktoren zerlegte Zahl $x^a \cdot y^b$ hat $(a + 1) \cdot (b + 1)$ Teiler.

Weil $936 = 2^3 \cdot 3^2 \cdot 13$, hat sie $(3 + 1) \cdot (2 + 1) \cdot (1 + 1)$ Teiler, also $4 \cdot 3 \cdot 2$ Teiler, bzw. 24 Teiler.

13. Schreibe 35^{34} als Summe zweier Kubikzahlen. Lösung. Erinnern wir uns was eine Kubikzahl ist.

Eine Zahl ist Kubikzahl, wenn sie in eine Potenz mit **Exponenten 3** zerlegt werden kann oder eine Zahl, die als a^3 geschrieben werden kann.

$35^{34} = 35^{33} \cdot 35 = 35^{33}(27 + 8) = 35^{33}(3^3 + 2^3) = 35^{33} \cdot 3^3 + 35^{33} \cdot 2^3$

$35^{34} = (35^{11} \cdot 3)^3 + (35^{11} \cdot 2)^3$

Also wir haben die Zahl als Summe zweier Kubikzahlen geschrieben.

14. Schreibe 25^{25} als Summe zweier Quadratzahlen.

Lösung: Wir wissen, dass wir eine Quadratzahl als a^{2k} schreiben können, also wir denken, dass 25 einen geraden Exponenten haben muss, also:

$25^{25} = 25^{24}(16 + 9) \Rightarrow 2^{25} = 25^{24}(4^2 + 3^2) \Rightarrow 25^{25} = (25^{12} \cdot 4)^2 + (25^{12} \cdot 3)^2$

15. Könnt ihr 65^{31} als Summe zweier Quadratzahlen schreiben? Oder als Summe zweier Kubikzahlen?

Lösung:

$65 = 1 + 64$, $65 = 1^2 + 8^2$, $65^{31} = 65^{30} \cdot 65$, $65^{31} = 65^{15 \cdot 2}(1 + 64)$,

$65^{31} = (65^{15})^2(1^2 + 8^2)$

$65^{31} = (65^{15})^2 + (65^{15} \cdot 8)^2$ Summe zweier Quadratzahlen.

$65 = 1 + 64$, $65 = 1^3 + 4^3$, $65^{31} = 65^{30} \cdot 65$, $65^{31} = 65^{30}(1^3 + 4^3)$,

$65^{31} = (65^{10})^3(1^3 + 4^3)$

$65^{31} = (65^{10})^3 + (65^{10} \cdot 4)^3$ Summe zweier Kubikzahlen.

Kapitel II. MENGEN

2.1 Der Mengenbegriff. Rechnen mit Mengen

Eine Menge besteht aus Elementen. Die Menge bezeichnet man mit Großbuchstaben und die Elemente mit Kleinbuchstaben.

Beispiele: A = {a, b} ; B = {3, 7}; C = {a, b, c}; M = {2, 6, 9}.

Wenn a Element der Menge M ist, schreiben wir a∈ M und lesen „a gehört der Menge M an". Wenn b kein Element der Menge M ist, schreiben wir b ∉ M und lesen „b gehört nicht der Menge M an".

M = {x | P(x)}; x ist ein Element und P(x) ist die Eigenschaft, wodurch die Menge dargestellt wird. Wir lesen: „M ist die Menge der Elemente x mit der Eigenschaft P(x)."

Beispiel: M = { x | x ∈ **N**, x ≤ 4} = {0, 1, 2, 3, 4} (M ist die Menge der natürlichen Zahlen x mit der Eigenschaft x ≤ 4).

In einer Menge schreibt man jedes Element ein einziges Mal. In einer Menge spielt die Reihenfolge der Elemente keine Rolle.

Wenn alle Elemente der Menge A auch B angehören, so ist A in B eingeschlossen (oder A ist eine Teilmenge der Menge B) und wir schreiben A ⊆ B. Wenn B zudem weitere Elemente enthält, so ist A in B strikt eingeschlossen (oder eine echte Teilmenge) und wir schreiben A ⊂ B.

Zwei Mengen sind gleich, wenn sie dieselben Elemente haben. Wenn A ⊆ B und B ⊆ A, dann A = B.

Rechnen mit Mengen

Es seien A und B zwei Mengen.
Die Vereininung der Mengen A und B ist die Menge   A ∪ B, welche aus den gemeinsamen und nicht gemeinsamen Elementen besteht. Wir erinnern uns daran, dass sich die Elemente einer **Menge nicht wiederholen**.

Beispiel: A = {0, 7, 8}, B = {0, 6, 7, 9}. A ∪ B = {0, 7, 8, 6, 9}.

Der Durchschnitt zweier Menge A und B ist die Menge A $\cap$ B, welche aus den gemeinsamen Elementen besteht.

Beispiele:

A= {1, 5}, B = {5, 8}. A $\cap$ B ={5}.

A = {0, 1, 2, 3, 4}, B = {0, 2, 4, 6, 8} und C = {0, 1, 2, 4, 5, 7}.

A $\cap$ B $\cap$ C ={0, 2, 4}.

A = {1, 3} B = {5, 8}.

Die zwei Mengen haben kein gemeinsames Element. Darum enthält ihr Durchschnitt kein Element.

Wir schreiben: A $\cap$ B = Φ (die leere Menge enthält kein Element wird durch den griechischen Buchstaben „Phi" dargestellt).

Wenn A $\cap$ B = Φ, sagen wir, dass die Mengen A und B elementfremd sind.

Die Differenz zweier Mengen A, B ist die Menge der Elemente, welche in A vorkommen, aber nicht in B vorkommen.

Beispiel:

A = {0, 1, 3, 7}, B = {0, 2, 3}, A \ B = {1, 7}, B \ A = {2}.

Wenn A $\subseteq$ B, definieren wir die Komplementärmenge von A in Bezug auf B durch C_BA = B \ A

Die symmetrische Differenz A $\triangle$ B (man liest „A delta B") ist die Menge, welche aus den nicht gemeinsamen Elementen der beiden Mengen besteht.

Beispiel: A = {0,2,4}, B = {0,1,2,3}, A $\triangle$ B = (A \ B) $\cup$ (B \ A) = {1,3,4}.

Das kartesische Produkt der Mengen A, B ist die Menge aller geordneten Paare (a,b), wobei a $\in$ A , b $\in$ B. Man bezeichnet es mit A x B.

Beispiel: A = {0, 1}, B = {1, 2, 3} $\Rightarrow$ A x B = {(0, 1); (0, 2);(0, 3); (1, 1); (1, 2); (1, 3)}.

Die Kardinalzahl einer Menge A ist die Anzahl der Elemente von A und wird bezeichnet als cardA oder |A|.

Beispiele:

A = {1, 22, 13, 14, 43}. |A| = 5, weil sie 5 Elemente hat. |Φ| = 0, weil die leere Menge kein Element hat.

$A = \{ x \mid x \in N, a < x < b \}$ $\Rightarrow CardA = b - a - 1$

$B = \{ x \mid x \in N, a \le x < b \}$ $\Rightarrow CardB = b - a$

$C = \{ x \mid x \in N, a \le x \le b \}$ $\Rightarrow CardC = b - a + 1$

Die Potenzmenge einer Menge A bezeichnet als P(A) enthält alle Teilmengen von A, einschließlich die "Extremfälle" Φ und A.

Beispiel: A = {2, 5}. P(A) = {Φ, {2}, {5}, {2, 5}}.

Die Kardinalzahl der Menge P(A) wird durch folgende Formel berechnet:

$|P(A)| = 2^{|A|}$. Im vorherigen Beispiel, $|P(A)| = 2^{|A|} = 2^2 = 4$.

2.2 Gelöste Übungen

1) A = {0, 1, 3}, B = {0, 2, 4, 6}. Bestimme: A∪B, A∩B, A\B, B\A.

A∪B = {0, 1, 3, 2, 4, 6}, A∩B = {0}, A\B= {1, 3}, B\A = {2,4, 6}.

2) A= {1,2}, B = {1,2,3}. Bestimme: A∪B, A∩B, A\B, B\A, A x B.

A∪B = {1, 2, 3}, A∩B = {1, 2}, A\B= Φ, B\A= {3},

A x B ={(1,1) , (1,2),(1,3),(2,1),(2,2),(2,3)}

3) A = {1, 3, 5}, B = {1, 2, 3, 4}. Bestimme: A∪ B, A∩B, B\A, A Δ B, CardA , CardP(A), P(A).

A∪B = {1, 2, 3, 4, 5}, A∩B = {1, 3}

B\A = {2, 4} , A Δ B = (A\B)∪(B\A) = {5}∪{2, 4} = {2, 4,5}, oder direkt: A Δ B = die nicht gemeinsamen Elemente, bzw: A Δ B = {2, 4, 5}.

Card A = 3, CardP(A) = $2^{CardA} = 2^3 = 8$, also wir haben 8 Teilmengen.

P(A) = {Φ, {1} , {3} , {5} , {1, 3} , {1, 5} , {3, 5}, {1, 3, 5}}

4) Wenn: A∩B = {1,3,4} , A\B = { 2 }, B\A = {5,6,7}. Bestimme: A, B, CardA , CardB .

A = {1, 3, 4, 2}, B = {1, 3, 4, 5, 6, 7}, CardA = 4, CardB = 6

5) Wenn A = { x | x $\in$ N und $3 \le 2x - 1 < 7$ } und B = { x | x $\in$ **N** und $4 < 3x + 1 < 16$ }, bestimme: A∪B , A∩B, A\B, B\A, A Δ B und A x B . Aus der Menge A werden wir die Ungleichung auf folgende Weise lösen:

$3 \leq 2x - 1 < 7 \mid +1 \Rightarrow 4 \leq 2x < 8$, wenn wir durch 2 teilen, erhalten wir $2 \leq x < 4$ und weil $x \in N$, daraus folgt A= $\{2, 3\}$.

Aus der Menge B werden wir die Ungleichung lösen:

$4 < 3x + 1 < 16 \mid -1 \Rightarrow 3 < 3x < 15 \mid : 3 \Rightarrow 1 < x < 5$ und $x \in N \Rightarrow$ B = $\{2, 3, 4\}$ also A$\cup$B = $\{2, 3, 4\}$, A$\cap$B= $\{2, 3\}$, usw

6. Es sei die Menge A = $\{ x \mid x \in N, 2^3 \leq x \leq 2^7 \}$ gegeben. Bestimme CardA.

$$\text{Card}A = 2^7 - 2^3 + 1 \Rightarrow \text{Card}A = 2^3 (2^4 - 1) + 1 \Rightarrow$$

$$\text{Card}A = 8 (16 - 1) + 1 = 8 \cdot 15 + 1 \Rightarrow$$

Wir erhalten CardA = 121.

7. Es seien die Mengen:

A= $\{ x \mid x \in N , 2(3x - 1) + 3(2 - x) \leq 19 \}$

B = $\{ x \mid x \in N^*, 5x + 7 < 2(x + 3) + x + 9 \}$

Bestimme: A$\cup$B, A$\cap$B, A\B, A Δ B, CardP(A).

Um die Elemente der Menge A zu finden, müssen wir die Ungleichung lösen: $2(3x - 1) + 3(2 - x) \leq 19$, $6x - 2 + 6 - 3x \leq 19$, $3x + 4 \leq 19$, $3x \leq 19 -4$, $3x \leq 15$, $x \leq 5$ und weil $x \in N$, A = $\{0, 1, 2, 3, 4, 5\}$.

Um die Elemente der Menge B zu finden, müssen wir die Ungleichung lösen: $5x + 7 < 2(x + 3) + x + 9$, $5x + 7 < 2x + 6 + x + 9$, $5x - 3x < 15 - 7$, $2x < 8$, $x < 4$ und weil $x \in N^*$, B = $\{1, 2, 3\}$.

Also, A = $\{0, 1, 2, 3, 4, 5\}$, B = $\{1, 2, 3\}$, A$\cup$B = $\{0, 1, 2, 3, 4, 5\}$, A$\cap$B = $\{1, 2, 3\}$, A\B = $\{0, 4, 5\}$, A Δ B = $\{0, 4, 5\}$,

CardP(A) = $2^{\text{cardA}} = 2^6$, also die Menge A hat 64 Teilmengen.

Kapitel III. RATIONALE ZAHLEN

3.1 Brüche. Verhältnisse. Proportionen

Ein Teil eines Ganzen, das in gleiche Teile geteilt wurde, heißt **Bruchteil.**

Beispiel:

Ein Halbes bedeutet die Hälfte eines Ganzen (ein Teil von zwei gleichen Teilen) und wird mit $\dfrac{1}{2}$ oder1/2 bezeichnet, ein Drittel ist das dritte Teil eines Ganzen (ein Teil von drei gleichen Teilen) und wird mit $\dfrac{1}{3}$ oder $\frac{1}{4}$ bezeichnet.

Bemerkung. 1/0 hat keinen Sinn (ein Teil von 0 Teilen)

Ein Paar natürlicher Zahlen a und b, mit $b \neq 0$, geschrieben als $\dfrac{a}{b}$ oder a/b, (man liest „a durch b"), heißt **Bruch; a** heißt Zähler, und **b** heißt Nenner.

Nach ihrer Größe im Vergleich zum Ganzen, lassen sich die Brüche a/b in eine der folgenden Kategorien einordnen:

1. Echte Brüche (kleiner als 1), wenn a < b; **Beispiel:** $\dfrac{2}{5}$.

2. Uneigentliche Brüche (gleich 1), wenn a = b; **Beispiel:** $\dfrac{2}{2}$

3. Unechte Brüche (größer als 1), wenn a > b; **Beispiel:** $\dfrac{5}{2}$

Die Brüche 1/2 und 2/4 stellen dieselbe Quantität dar (1/2 bedeutet ein Halbes und 2/4 bedeutet zwei Viertel, bzw. auch ein Halbes). Solche Zahlen, die von mehreren Brüchen dargestellt werden, heißen **rationale Zahlen.**

1/2   2/4

Wir bemerken, dass wir jede natürliche Zahl n als Bruch schreiben können n = n/1.

Die Menge der rationalen Zahlen (positiven und negativen) wird als $\mathbf{Q}$ bezeichnet. Sie enthält die natürlichen Zahlen ($\mathbf{N} = \{0, 1, 2, 3, ...\}$), die geraden Zahlen ($\mathbf{Z} = \{0, 1, -1, 2, -2, 3, -3, ...\}$) und die Bruchzahlen (1/2, 3/5, -8/3 usw).

Zwei Brüche $\dfrac{a}{b}$ und $\dfrac{c}{d}$ sind **äquivalent** wenn $\boxed{\dfrac{a}{b} = \dfrac{c}{d}}$, bzw wenn sie dieselbe Quantität darstellen. Das kann leicht geprüft werden: $a \cdot d = b \cdot c$. (Grundeigenschaft der Proportion).

Beispiel: $2/3 = 4/6$; $2 \cdot 6 = 3 \cdot 4$.

Eigenschaften der Äquivalenz der Brüche :

1) Reflexivität: $\dfrac{a}{b} = \dfrac{a}{b}$

2) Symmetrie: wenn $\dfrac{a}{b} = \dfrac{c}{d}$, dann auch $\dfrac{c}{d} = \dfrac{a}{b}$

3) Transitivität: wenn $\dfrac{a}{b} = \dfrac{c}{d}$ und $\dfrac{c}{d} = \dfrac{e}{f}$, dann $\dfrac{a}{b} = \dfrac{e}{f}$

Einen Bruch **erweitern** bedeutet, den Zähler und den Nenner mit derselben natürlichen von 0 verschiedenen Zahl zu multiplizieren.

Beispiel: Wenn wir den Bruch 5/6 mit 2 erweitern, erhalten wir 10/12. Das Erweitern ist sehr wichtig, weil Brüche nur dann addiert werden können, wenn sie denselben Nenner haben; sie werden durch Erweitern auf den kleinsten gemeinsamen Nenner gebracht, wenn es möglich ist, und wenn nicht durch Kürzen (Division des Zählers und des Nenners durch dieselbe natürliche von 0 verschiedene Zahl).

Um einen Bruch auf den kleinsten gemeinsamen Nenner zu bringen, müssen wir wissen, wie man das kgV, bzw. das kleinste gemeinsame Vielfache, berechnet.

Erinnern wir uns wie man das kgV berechnet: die Nenner zerlegt man in Primfaktoren und das kgV ist das Produkt aller **Primfaktoren** (gemeinsam und nicht gemeinsam), jeweils in ihrer höchsten **Potenz.**

Jeden Bruch erweitert man mit jenen Faktoren von dem kgV, die im Nenner nicht vorkommen. Nach der Multiplikation muss der Nenner gleich dem kgV sein.

Beispiel:

$$\frac{3}{4} + \frac{5}{6} = \frac{3 \cdot 3}{12} + \frac{2 \cdot 5}{12} = \frac{19}{12}$$

kgV.(4, 6) = 2^2 3 = 12. Den ersten Bruch erweitert man mit 3 und den zweiten mit 2.

Wenn a und b rationale Zahlen sind, b ≠ 0, dann $\boxed{\dfrac{a}{b}}$ heißt Verhältnis. Eine Gleichheit von zwei Verhältnissen heißt **Proportionalität**. Wenn a, b, c, d rationale Zahlen sind, b ≠ 0, und $\boxed{\dfrac{a}{b} = \dfrac{c}{d}}$ dann ist eine Proportion.

3.2 Operationen mit Bruchzahlen

3.2.1 Die Addition und die Subtraktion der Brüche

Zunächst werden die Brüche gleichnamig gemacht, anschließend werden die Zähler addiert oder subtrahiert und der gemeinsame Nenner beibehalten.

$$\frac{a}{b} + \frac{c}{b} - \frac{d}{b} = \frac{a+c-d}{b}$$

Beispiel: $\dfrac{7}{8} + \dfrac{5}{6} + \dfrac{7}{36} - \dfrac{2}{15} + \dfrac{6}{25} = ?$

Man zerlegt die Nenner: $8 = 2^3$, $6 = 2 \cdot 3$, $36 = 2^2 \cdot 3^2$, $15 = 3 \cdot 5$, $25 = 5^2$
kgV. $= 2^3 \cdot 3^2 \cdot 5^2 = 8 \cdot 9 \cdot 25 = 1800$

$$\frac{7}{2^3} + \frac{5}{2 \cdot 3} + \frac{7}{2^2 \cdot 3^2} - \frac{2}{3 \cdot 5} + \frac{6}{5^2} =$$

$$= \frac{7 \cdot 3^2 \cdot 5^2}{2^3 \cdot 3^2 \cdot 5^2} + \frac{5 \cdot 2^2 \cdot 3 \cdot 5^2}{2 \cdot 3 \cdot 2^2 \cdot 3 \cdot 5^2} + \frac{7 \cdot 2 \cdot 5^2}{2^2 \cdot 3^2 \cdot 2 \cdot 5^2} - \frac{2 \cdot 2^3 \cdot 3 \cdot 5}{3 \cdot 5 \cdot 2^3 \cdot 3 \cdot 5} + \frac{6 \cdot 2^3 \cdot 3^2}{5^2 \cdot 2^3 \cdot 3^2} =$$

$$= \frac{7 \cdot 9 \cdot 25 + 125 \cdot 4 \cdot 3 + 7 \cdot 2 \cdot 25 - 16 \cdot 3 \cdot 5 + 6 \cdot 8 \cdot 9}{2^3 \cdot 3^2 \cdot 5^2}$$

Die Bruchzahlen können in eine Summe von Bruchzahlen mit demselben Nenner zerlegt werden:

Beispiel: $\dfrac{9}{5} = \dfrac{2}{5} + \dfrac{3}{5} + \dfrac{4}{5}$

3.2.2 Absondern der Ganzen aus dem Bruch. Einführen der Ganzen in den Bruch

Der Zähler wird durch den Nenner geteilt. Der Quotient wird das Ganze, das vor dem Bruchstrich geschrieben wird, darstellen und der Rest wird als Zähler geschrieben. Als Nenner schreibt man denselben Nenner.

Beispiel: $\dfrac{17}{5} = 3 + \dfrac{2}{5}$

Man schreibt $\dfrac{17}{5} = 3\dfrac{2}{5}$ und man liest „3 Ganzen und 2 Fünftel".

Um die Ganzen in den Bruch einzuführen, multipliziert man das Ganze mit dem Nenner und addiert man das Ergebnis mit dem Zähler; das neue Ergebnis wird Zähler und der Nenner ist derselbe.

Beispiel: $3\dfrac{2}{5} = \dfrac{3\cdot 5 + 2}{5} = \dfrac{17}{5}$

Für $182\dfrac{5}{6} = 76\dfrac{5}{78}$ ist es einfacher die Ganzen nicht in den Bruch einzuführen, sondern die Brüche gleichnamig zu machen:

$$182\dfrac{5\cdot 13}{6\cdot 13} - 76\dfrac{5}{78} = 182\dfrac{65}{78} - 76\dfrac{5}{78} = 106\dfrac{60}{78} = 106\dfrac{10}{13}$$

Also wir haben zuerst die Ganzen und dann die Brüche subtrahiert, nachdem wir sie gleichnamig gemacht haben.

Wenn die Brüche nicht subtrahiert werden können, dann führen wir ein einziges Ganzes, nicht alle Ganzen, in den Bruch ein und so wird es einfacher für uns.

Beispiel:

$$123\dfrac{5}{6} - 23\dfrac{73}{78} = 123\dfrac{5\cdot 13}{6\cdot 13} - 23\dfrac{73}{78} = 123\dfrac{65}{78} - 23\dfrac{73}{78} = 122\dfrac{143}{78} - 23\dfrac{73}{78} = 99\dfrac{70}{78}$$

Übungen:

$$a) \ 5\frac{2}{3} + 7\frac{2}{5} =$$

$$b) \ 21\frac{2}{5} - 3\frac{4}{5} =$$

$$c) \ 19\frac{3}{4} - 5\frac{5}{6} =$$

Um diese Übungen zu lösen, ist es einfacher die Ganzen nicht in den Bruch einzuführen und wenn wir die Subtraktion nicht durchführen können, führen wir nur ein Ganzes in den Bruch ein.

a) Wir erweitern $\frac{2}{3}$ mit 5 und $\frac{2}{5}$ mit 3.

Wir erhalten: $5\frac{10}{15} + 7\frac{6}{15} = 12\frac{16}{15} = 13\frac{1}{15}$

b) Wir können 4 von 2 nicht subtrahieren und führen nur

ein Ganzes in den Bruch $\frac{2}{5}$ ein, also $21\frac{2}{5} - 3\frac{4}{5} = 20\frac{7}{5} - 3\frac{4}{5} = 17\frac{3}{5}$.

Wir haben zunächst die Ganzen und danach die Zähler subtrahiert.

c) Wir bringen $\frac{3}{4} und \frac{5}{6}$ auf den gemeinsamen Nenner und wir

erhalten: $19\frac{9}{12} - 5\frac{10}{12}$ und weil wir 10 von 9 nicht subtrahieren können,

führen wir von 19 nur ein Ganzes in den Bruch ein, weil es einfacher ist:

$18\frac{21}{12} - 5\frac{10}{12} = 13\frac{11}{12}$

3.2.3 Die Multiplikation der Brüche

Man multipliziert die Zähler miteinander und die Nenner miteinander:

$$a \cdot \frac{b}{c} = \frac{a \cdot b}{c}$$

$$\frac{a}{b} \cdot \frac{c}{d} = \frac{a \cdot c}{b \cdot d}$$

3.2.4 Kürzen von Brüchen

Einen Bruch kürzen bedeutet Zähler und Nenner durch die **gleiche** Zahl dividieren. Bei der Multiplikation kann der Zähler von einem Bruch durch den Nenner des zweiten Bruchs gekürzt werden.

Beispiele:
Kürze:

1) $\dfrac{30}{72}$ Man bemerkt, dass man durch 6 kürzen kann (erinnern wir

uns an die Teilbarkeitsregeln!) und man erhält $\dfrac{5}{12}$.

2) $\dfrac{15}{12} \cdot \dfrac{4}{35}$ Man bemerkt, dass man 15 mit 35 durch 5, 4 mit 12

durch 4 kürzen und man erhält $\dfrac{3}{3} \cdot \dfrac{1}{7}$ achdem man durch 3 gekürzt hat,

erhält man: $\dfrac{1}{7}$

3) $2\dfrac{2}{15} \cdot \dfrac{5}{28}$ Zunächst führen wir die Ganzen in den Bruch ein und

wir erhalten $\dfrac{32}{15} \cdot \dfrac{5}{28} = \dfrac{8}{3} \cdot \dfrac{1}{7}$, weil wir 32 mit 28 durch 4 und 15 mit 5

durch 5 gekürzt haben.

4) Auch für die Multiplikation der Bruchzahlen gelten dieselben Eigenschaften wie für die natürlichen Zahlen.

Ein Bruch, der nicht mehr gekürzt werden kann, heißt unkürzbar. Wenn ein Bruch gekürzt werden kann, heißt kürzbar.

3.2.5 Division der Brüche

Der Kehrwert von a (a $\in$ N*) ist $\dfrac{1}{a}$ und von $\dfrac{b}{c}$ ist $\dfrac{c}{b}$ und $\dfrac{0}{b}$ hat keinen

Kehrwert, weil es keinen Bruch mit dem Nenner 0 gibt

$$\frac{a}{b} \cdot \frac{b}{a} = 1, \text{ für a, b} \in \mathbf{N}^*.$$

Um $\dfrac{a}{b}$ durch $\dfrac{c}{d}$ zu teilen, multipliziert man den Bruch $\dfrac{a}{b}$ mit dem Kehrwert des Bruchs $\dfrac{c}{d}$:

$$\frac{a}{b} : \frac{c}{d} = \frac{a}{b} \cdot \frac{d}{c} = \frac{a \cdot d}{b \cdot c}$$

Wenn die Bruchzahlen gemischt sind, führt man die Ganzen in den Bruch ein, dann führt man die Division durch.

Beispiele: $\quad 2\dfrac{14}{15} : 1\dfrac{3}{25} = \dfrac{44}{15} : \dfrac{28}{25} = \dfrac{44}{15} \cdot \dfrac{25}{28} = \dfrac{11}{3} \cdot \dfrac{5}{7} = \dfrac{55}{21} = 2\dfrac{13}{21}$

$$\frac{a}{b} : \frac{c}{d} = \frac{\dfrac{a}{b}}{\dfrac{c}{d}}, \quad \frac{\dfrac{a}{b}}{\dfrac{c}{d}} \quad \text{heißt Doppelbruch und ist gleich:} \quad \frac{a}{b} \cdot \frac{d}{c}$$

Beispiele:

1) $\quad 4\dfrac{1}{5} : 1\dfrac{13}{15} = \dfrac{21}{5} : \dfrac{28}{15} = \dfrac{21}{5} \cdot \dfrac{15}{28} = \dfrac{3}{1} \cdot \dfrac{3}{4} = \dfrac{9}{4} = 2\dfrac{1}{4}$

2) $\quad 2\dfrac{1}{3} : 3\dfrac{8}{9} + \dfrac{2}{5} = \dfrac{7}{3} \cdot \dfrac{9}{35} + \dfrac{2}{5} = \dfrac{3}{5} + \dfrac{2}{5} = \dfrac{5}{5} = 1$

3.2.6 Die Potenz einer Bruchzahl mit natürlichem Exponenten

$\boxed{\left(\dfrac{a}{b}\right)^0 = 1}$ für $\neq 0$ und $b \neq 0$. Jede Zahl (von 0 verschieden) hoch 0 ist 1.

$\boxed{\left(\dfrac{a}{b}\right)^n = \dfrac{a^n}{b^n}}$ für $b \neq 0$ **Beispiele:** $\quad \left(\dfrac{2}{3}\right)^3 = \dfrac{2^3}{3^3} = \dfrac{8}{27}$

$\boxed{\left(\dfrac{a}{b}\right)^1 = \dfrac{a}{b}, \left(\dfrac{0}{b}\right)^n = 0}$ für jedes $n \in N^*$ und $b \in N,^*$

$\boxed{\left(\dfrac{a}{b}\right)^m \cdot \left(\dfrac{a}{b}\right)^n = \left(\dfrac{a}{b}\right)^{m+n}}$

$$\boxed{\left(\frac{a}{b}\right)^m : \left(\frac{a}{b}\right)^n = \left(\frac{a}{b}\right)^{m-n}} \quad a \neq 0, b \neq 0, m, n \in N \text{ und } m > n,$$

$$\boxed{\left[\left(\frac{a}{b}\right)^m\right]^n = \left(\frac{a}{b}\right)^{m \cdot n}} \quad , \quad \boxed{\left(\frac{a}{b} \cdot \frac{c}{d}\right)^n = \left(\frac{a}{b}\right)^n \cdot \left(\frac{c}{d}\right)^n} \quad n \in \mathbf{N}.$$

Beispiele:

1) $\left(\frac{2}{3}\right)^2 \cdot \left(\frac{4}{9}\right)^3 = \left(\frac{2}{3}\right)^2 \cdot \left[\left(\frac{2}{3}\right)^2\right]^3 = \left(\frac{2}{3}\right)^2 \cdot \left(\frac{2}{3}\right)^6 = \left(\frac{2}{3}\right)^8 = \frac{2^8}{3^8}$

2) $\left(2\frac{1}{2} - \frac{2}{3} + \frac{1}{6}\right)^3 = \left(\frac{5}{2} - \frac{2}{3} + \frac{1}{6}\right)^3 = \left(\frac{15}{6} - \frac{4}{6} + \frac{1}{6}\right)^3 = \left(\frac{12}{6}\right)^3 = (2)^3 = 8$

3) $\left(\frac{2}{5}\right)^2 \cdot \left(\frac{2}{5}\right)^4 : \left(\frac{2}{5}\right)^3 = \left(\frac{2}{5}\right)^{6-3} = \left(\frac{2}{5}\right)^3 = \frac{2^3}{5^3} = \frac{8}{125}$

3.3 Vergleichen der Bruchzahlen

Von zwei Brüchen mit demselben Nenner ist der Bruch größer, dessen Zähler größer ist.

Beispiele: $\frac{7}{15} > \frac{2}{15}$

Haben zwei Brüche nicht denselben Nenner, muss man sie auf denselben Nenner bringen, um sie vergleichen zu können:

Beispiel: Vergleiche: $\frac{23}{15}$ und $\frac{25}{16}$

$$\text{kgV} = 2^4 \cdot 3 \cdot 5 = 16 \cdot 15 = 240$$

Also: $\frac{23 \cdot 16}{240}$ man vergleicht $\frac{25 \cdot 15}{240} \Rightarrow \frac{368}{240} < \frac{375}{240}$ weil

$368 < 375 \Rightarrow \frac{23}{15} < \frac{25}{16}$

Wenn a, b, c, d positive Zahlen sind, kann man das Produkt der Innenglieder mit dem Produkt der Außenglieder vergleichen.

$$\frac{a}{b} \geq \frac{c}{d} \Rightarrow a \cdot d \geq b \cdot c$$

3.4 Übungen

1) Bestimme die Zahl x, $x \in N$, für welche gilt:

a) $\frac{5}{8} \leq \frac{7}{x+3}$ b) $\frac{3}{5} \geq \frac{x}{20}$ c) $\frac{x}{6} \leq \frac{3}{2}$ d) $\frac{12}{x+2} \geq \frac{3}{5}$

Lösung:

$5(x+3) \leq 7 \cdot 8$

$\Rightarrow 5x + 15 \leq 56 \Rightarrow 5x \leq 56 - 15 \Rightarrow 5x \leq 41 \Rightarrow x \leq \frac{41}{5} \Rightarrow x \leq 8\frac{1}{5} \Rightarrow x \in \{0,1,2,3,4,5,6,7,8\}$

b) $\frac{3}{5} \geq \frac{x}{20} \Rightarrow 12 \geq x \Rightarrow x \leq 12 \Rightarrow x \in \{0, 1, 2, 3, 4, 5, 6, 7, 8, 9, 10, 11, 12\}$

Nachdem die Brüche auf denselben Nenner gebracht werden und nachdem dieser Nenner beseitigt wird, erhält man das Ergebnis oben.

c) $\frac{x}{6} \leq \frac{3}{2} \Rightarrow x \leq 9 \Rightarrow x \in \{0, 1, 2, 3, 4, 5, 6, 7, 8, 9\}$

d) $\frac{12}{x+2} \geq \frac{3}{5} \Rightarrow 12 \cdot 5 \geq 3 \cdot (x+2) \Rightarrow 4 \cdot 5 \geq x + 2 \Rightarrow 20 - 2 \geq x \Rightarrow 18 \geq x$

$\Rightarrow x \leq 18 \Rightarrow x \in \{0, 1, 2, ..., 18\}$

3.5 Bestimmen eines Bruchteils einer Zahl. Prozente

Um einen Bruchteil einer natürlichen Zahl zu finden, multipliziert man die Bruchzahl mit der entsprechenden Zahl.

Beispiel: Berechne $\dfrac{3}{4}$ **von** 80. Wie gesehen, wir haben das Wort **von** betont; wenn dieses Wort vorkommt, werden wir eine Multiplikation durchführen $\dfrac{3}{4}$ **von** $80 = \dfrac{3}{4} \cdot 80 = 3 \cdot 20$ (nach Kürzen) $= 60$

Um einen Bruchteil einer Bruchzahl zu finden, multipliziert man die zwei Brüche miteinander.

Beispiel: Wieviel bedeutet $\dfrac{3}{5}$ **von** $\dfrac{25}{6}$? wie gesehen, wir haben das Wort **von** betont, um zu wissen, dass wir multiplizieren müssen.

$\dfrac{3}{5} \cdot \dfrac{25}{6} = \dfrac{5}{2}$ (nach Kürzen und Multiplikation).

Übung: Berechne: $\dfrac{2}{3} von 5 \dfrac{1}{7}$

Das Prozent wird als einen Bruch mit dem Nenner 100 dargestellt.
a % liest man „a Prozent", immer von einer Zahl.

Beispiel: Berechne 3% **von** 800 ? Wie gesehen, wir haben das Wort **von** betont (also man führt eine Multiplikation durch)

$$\Rightarrow \frac{3}{100} \cdot 800 = 3 \cdot 8 = 24$$

Wenn man Prozent von Prozent hat $\boxed{\Rightarrow a\% von \ b\ \% \ \Rightarrow \dfrac{a}{100} \cdot \dfrac{b}{100}}$

das immer von einer Zahl sein wird, wird man multiplizieren.

Übungen:

1) Aus 1200 kg Obst erhält man Saft. 7% der Obstquantität geht verloren, wieviele kg Obst verliert man?

7% von $1200 = \dfrac{7}{100} \cdot 1200 \ = 7 \cdot 12 = 84$ kg, also man verliert 84 kg.

2) 1 Kg Obst kostet 2 Lei, wieviel Lei verliert man, wenn man durch die Sortierung der verdorbenen Früchte 5% davon verliert? Wieviel kg Obst bleiben nach der Sortierung, wenn wir 200 kg gekauft haben?

5% of $200 = \dfrac{5}{100} \cdot 200 = 5 \cdot 2 = 10$, also man verliert, so $2 \cdot 10 = 20$ lei

Obst bzw $2 \cdot 10 = 20$ Lei

Nach der Sortierung bleiben $200 - 10 = 190$ kg Obst.

3) Eine Person hat 4000 Lei, wovon sie 12% für ein Fahrrad und 4/5

vom Rest für eine Fußballausrüstung ausgibt. Wieviel kostet das Fahrrad, wieviel kostet die Ausrüstung und wieviel Lei verbleibt der Person?

Ein Fahrrad kostet 12% von 4000 = $\frac{12}{100} \cdot 4000$ = 12 · 40 = 480 Lei

Rest = 4000 – 480 = 3520 Lei$\Rightarrow \frac{4}{5} \cdot 3520$ = 4 · 704 = 2816 Lei, Also die.

Ausrüstung kostet 2816 Lei und ihr verbleibt 3520 – 2816 = 704 Lei

4) Nach einer Preiserhöhung von 20% und dann eine Preissenkung von 10%, kostet ein Produkt 2160 Lei. Was war der Anfangspreis, um wieviel Prozent hat sich der letzte Preis verändert und wie hat sich dieser Preis im Vergleich zum Anfangspreis verändert?

Schritt 1. Man bezeichnet den Anfangspreis mit x

Schritt 2. Man stellt die Gleichung auf x+20%x–10%(x+20%x) =2160

Schritt 3. Man löst die Gleichung:

$$\frac{120x}{100} - \frac{10}{100} \cdot \frac{120x}{100} = 2160 \Rightarrow \frac{120x}{100} - \frac{12x}{100} = 2160 \Rightarrow \frac{108x}{100} = 2160$$

$$\Rightarrow x = \frac{2160 \cdot 100}{108} \Rightarrow x = 2000$$

Schritt 4. Man interpretiert die Lösung. Der Anfangspreis war 2000 Lei, indem der letzte Preis 2160 Lei war, ist die Differenz 160 Lei also:

$$\% \ 2000 = 160 \Rightarrow \frac{x}{100} \cdot 2000 = 1600 \Rightarrow x = \frac{160}{20} \Rightarrow x = 8 \Rightarrow x\% = 8\%$$

also der Preis stieg um 8% im Vergleich zum Anfangspreis.

5) In drei Tagen legt ein Ausflügler 20 km zurück: am ersten Tag 10% der Weglänge, am zweiten Tag 5/6 von dem Rest und am dritten Tag den Rest. Wieviel Kilometer hat er jeden Tag zurückgelegt?

Am ersten Tag hat er 10% · 20 $\Rightarrow \frac{10}{100} \cdot 20$ = 2 km zurückgelegt, also der Rest ist 18 km.

Am zweiten Tag $\frac{5}{6} \cdot 18$ = 5 · 3 = 15km und am dritten Tag den Rest 18-15=3

3.6 Dezimalbrüche

Die Dezimalbrüche sind die Brüche mit Komma der Form **a,b; a** ist **der ganze Teil** und **b der Dezimalteil**.

Beispiel: 89,123456; 89 heißt ganzer Teil und 123456 heißt Dezimalteil; 1 heißt Zehntel, 2 heißt Hunderstel, 3 heißt Tausendstel, , 4 Zehntausendstel, 5 Hunderttausendstel und 6 Millionstel.

Man kann beliebig viele Nullen nach der letzten Dezimalstelle schreiben, die Zahl verändert sich nicht.

Beispiel: 23,14 oder 23,140 oder 23,1400. Also, wenn die letzten Deziamalteile Nullen sind, kann man sie löschen, ohne den Dezimalbruch zu verändern.

Es gibt zwei Arten Dezimalbrüche:

1) endliche Dezimalbrüche (Anzahl der Dezimalstellen ist endlich) Beispiel. 2, 14 ; 5, 764

2) periodische Dezimalbrüche, es gibt zwei Arten periodischer Dezimalbrüche

a) **einfache periodische Dezimalbrüche**. Beispiel 2, (14) also alle Dezimalteile sind zwischen Klammern, das bedeutet dass sie sich unendlich wiederholen, bzw 2,(14) = 2,14141414…

b) **gemischte periodische Dezimalbrüche** . Beispiel. 2, 3(14) = 2,3141414…

3.6.1 Umwandlung von Brüchen in Dezimalbrüche

Ein Bruch mit einer Zehnerpotenz im Nenner lässt sich als finiten Dezimalbruch schreiben, indem man ein Komma im Zähler setzt, so dass die Anzahl der Ziffern rechts dem Komma gleich der Anzahl der Nullen im Nenner ist.

Beispiel: $\dfrac{1234}{1000} = 1.234$ wir haben also 3 Dezimalstellen, genauso wie viele Nullen im Nenner. Wenn man den Nenner in 2en und 5en zerlegt, wird man so erweitert, dass 2 und 5 dieselbe Potenz haben $2^n \cdot 5^n = (2 \cdot 5)^n = 10^n$

Beispiele:

1) $\dfrac{7}{40} = \dfrac{7}{2^3 \cdot 5}$ wir erweitern mit 5^2 um 5^3 zu erhalten

$$\Rightarrow \frac{7 \cdot 5^2}{2^3 \cdot 5^3} = \frac{7 \cdot 25}{10^3} = \frac{175}{1000} = 0.175$$

4) $\dfrac{123}{50}$ Man erweitert mit 2 und man erhält $\dfrac{246}{100}$ = 2.46 also man

erweitert, so dass man im Nenner eine Zehnerpotenz (bzw. 10 oder 100 oder 1000 oder 10000 usw.) erhält.

5) $2\dfrac{3}{250}$ Man erweitert den Bruch mit 4 und man erhält

$2\dfrac{12}{1000}$ = 2.012. Man bemerkt, dass es einfacher ist, wenn man die

Ganzen in den Bruch einführt.

Die Umwandlung des Bruchs in Dezimalbruch kann man auch durch Division durchführen, aber wenn der Nenner aus 2en und 5en besteht, ist es einfacher durch Erweiterung, so dass 2 und 5 denselben Exponenten haben.

3.6.2 Umwandlung von endlichen Dezimalbrüchen in Brüche

Ein endlicher Dezimalbruch wird in einen Bruch auf folgende Weise umgewandelt: man schreibt die Zahl ohne Komma und im Nenner schreibt man eine Zehnerpotenz mit dem Exponenten gleich den Dezimalstellen des Dezimalbruchs oder man schreibt 1 gefolgt von so vielen Nullen, wie viele Dezimalstellen die Zahl hat.

Beispiele:

1) $12,3421 = \dfrac{123421}{10000}$ 2) $113,023 = \dfrac{113023}{1000}$ 3) $1000,02 = \dfrac{100002}{100}$

4) $0,2 = \dfrac{2}{10}$ 5) $0,034 = \dfrac{34}{1000}$ 6) $109,8009 = \dfrac{1098009}{10000}$

3.7 Vergleichen der Dezimalbrüche. Runden

Um zwei Dezimalbrüche zu vergleichen, vergleicht man zuerst ihre ganzen Teile. Falls diese nicht gleich sind, so ist diejenige Zahl die größere, deren ganzer Teil größer ist. Wenn die ganzen Teile gleich sind, vergleicht man die Dezimalstellen, nachdem man sie auf dieselbe Anzahl von Dezimalstellen gebracht hat; wenn sie nicht dieselbe Anzahl von Dezimalstellen haben, fügt man so viele Nullen hinzu, wie viele nötig sind, damit sie dieselbe Anzahl von Ziffern im Dezimalteil haben.

Beispiele:

1) Vergleiche 12,3405 und 12, 37. Man bemerkt, dass man denselben ganzen Teil – 12 - hat. Man wird den Dezimalteil vergleichen. Sie haben gleiche Zehntel, man vergleicht die Hundertstel, der Hunderstel der ersten Zahl ist 4, während der der zweiten Zahl 7 ist, und weil 7 > 4 ⇒ 12,37 > 12,3405.

Auch wenn wir die Nullen nicht am Ende der Zahl 12,37 hinzugefügt haben, konnten wir die Zahlen vergleichen.

2) Vergleiche 102,0015 und 102,00157. Der ganze Teil ist gleich. Wir werden den Dezimalteil vergleichen: der Zehntel ist gleich -0, der Hundertstel ist gleich- 0, der Tausendstel ist gleich- 1, die Zehntausendstel sind gleich 5 und die Hunderttausendstel der ersten Zahl fehlen. Also hier müssen wir eine Null hinzufügen -102,00150. Jetzt hat sie dieselbe Anzahl von Dezimalstellen und weil es bis zu vorletzter Ziffer dieselbe Ziffern sind, vergleichen wir die letzte Dezimalstelle 0 und 7. weil 0 < 7 ⇒ 102,00150 < 102,00157. Wenn man nach der letzten Dezimalstelle Nullen hinzufügt, verändert sich die Zahl nicht. Zum Beispiel: 11,23= 11,230 oder 11,23 = 11,2300.

3) Vergleiche 14,89 und 10,92. Weil der ganze Teil der ersten Zahl größer ist: 14 > 10, ist es nicht mehr nötig, auch den Dezimalteil zu vergleichen ⇒ 14,89 > 10,92

Runden. Die Zahl 4,56 kann abgerundet- 4,50, oder aufgerundet- 4,60 werden. Beim Runden von Dezimalzahlen versucht man den exakten Wert einer Zahl anzunähern: die letzte Ziffer, die bleibt, ist unverändert, wenn die Ziffer, die folgt, ≤ 4 ist, und ist um 1 erhöht, wenn die Ziffer, die folgt, ≥ 5 ist.

Beispiele:
Runden auf Zehntel:
1) 1,78 wird 1,8, weil der Zehntel 7 um 1 erhöht wird, weil danach eine Ziffer größer als 4 ist.
2) 12, 24 ≈ 12,2 , weil die nächste Ziffer 4 und < 5 ist.

Runden auf Hunderstel:

1) 132,231 ≈ 132,23

2) 11,128 ≈ 11,13 bei der ersten Zahl haben wir die letzte Ziffer weggelassen, weil danach eine Ziffer kleiner als 5 folgte, während bei der zweiten Zahl der Hundertstel um 1 erhöht wurde, weil danach eine Ziffer größer als 4 folgte.

3.8 Operationen mit Dezimalbrüchen

3.8.1 Die Addition und die Subtraktion

Um die Addition oder die Subtraktion durchzuführen, schreibt man die endlichen Dezimalzahlen untereinander, so dass Komma unter Komma steht, und dann addiert oder subtrahiert man wie bei natürlichen Zahlen.

Beispiele:

1) 231.32 +
  12.523
  243.843

2) 121.014 +
  8112.13
  8233.144

3) 0.0029 +
  91.33
  91.3329

4) 23.001 + 192.22 + 2144.5567 = ?

  23.001 +
  192.22
  2144.5567
  2359.7777

5) 154,43-38,158 = ? Wir bemerken, dass die zweite Zahl 3 Dezimalstellen, während die erste 2 Dezimalstellen hat. Darum werden wir bei der ersten Zahl eine Null hinzufügen. (indem es die letzte Dezimalstelle ist, verändert sich die Zahl nicht,):

154,430 -
  38,158
116,272

6) 0.94 – 0.6507 = ?

  0.9400 –
  0.6507
  0.2893

3.8.2 Die Multiplikation

a) Bei der Multiplikation mit einer Zehnerpotenz verschiebt man das Komma um so viele Stellen nach rechts, wie die Zehnerpotenz Nullen hat.

Beispiele:

$$12{,}43561 \cdot 10^2 = 1243{,}561 \; ; \quad 101{,}783 \cdot 100 = 10178{,}3$$

Wenn man mit 100 multipliziert, verschiebt man das Komma um zwei Stellen nach rechts, weil es zwei Nullen sind.

$1{,}24 \cdot 1000 = 1240$ Hier muss man das Komma um drei Dezimalstellen nach rechts verschieben und weil es nur zwei sind, wird die dritte Null sein.

b) Zwei Dezimalzahlen multipliziert man auf folgende Weise: man multipliziert die Dezimalzahlen genauso wie man zwei natürliche Zahlen multipliziert, indem man das Komma weglässt, dann im Ergebnis setzt man das Komma um so viele Dezimalstellen, von rechts nach links gezählt, wie die beiden Zahlen zusammen haben.

Beispiel:

26.31 · 15.2 = ?

$$
\begin{array}{r}
26.31 \;\cdot \\
\underline{15.2} \\
5262 \\
13155 \\
\underline{2631} \\
399.912
\end{array}
$$

3.8.3 Die Division

a) Die Division einer Dezimalzahl durch eine Zehnerpotenz wird durchgeführt, indem man man das Komma um so viele Stellen nach links verschiebt, wie die Zehnerpotenz Nullen hat.

Beispiel: $231{,}56 : 10^2 = 2{,}3156$; oder wenn man durch 1000 teilt, weil die Zahl 3 Nullen hat, verschiebt man das Komma nach links um 3 Stellen; Beispiel. $9234{,}132 : 1000 = 9{,}234132$; $13{,}54 : 10000 = 0{,}001354$.

Im letzten Fall bemerkt man, dass das Komma um 4 Stellen verschoben werden muss, weil sie durch 10000 geteilt wird und 4 Nullen hat.

b) Die Division einer Dezimalzahl durch eine andere Dezimalzahl wird auf folgende Weise durchgeführt: man verschiebt bei beidem Dividenden und Divisor das Komma um so viele Stellen nach rechts, wie der Divisor Dezimalstellen hat, also bis der Divisor eine natürliche Zahl ist. Beim Dividieren wird dann beim Überschreiten des Kommas im Dividenden im Ergenis das Komma gesetzt.

Beispiel

1) $2,25 : 0,5 = 22,5 : 5 = 4,5$
2) $11,85 : 1,2 = 118,5 : 12 = 9,875$
3) $1,2 : 0,05 = 120 : 5 = 24$
4) $20,4 : 1,02 = 2040 : 102 = 20$
5) $1,024 : 0,32 = 102,4 : 32 = 3,2$

3.8.4 Die Potenz eines Dezimalbruchs mit natürlichem Exponenten

$$1,2^2 = 1,2 \cdot 1,2 = 1,44 \text{ oder } 1,2^2 = \left(\frac{12}{10}\right)^2 = \frac{12^2}{10^2} = \frac{144}{100} \text{ oder } \left(\frac{6}{5}\right)^2 = \frac{36}{25}$$

(das nach Kürzen durch 2)

3.9 Periodische Dezimalbrüche

Umwandeln von unkürzbaren Brüchen in periodische Dezimalbrüche.

1) Wenn der Nenner durch Primzahlen teilbar ist, die verschieden von 2 und 5 sind, wird der Bruch durch Division in einen **einfachen periodischen Dezimalbruch** umgewandelt.

Übung: . 1) $\frac{2}{3} = 0,(6)$ 2) $\frac{5}{7} = 0,(7142857)$ 3) $\frac{16}{33} = 0,(48)$

Man bemerkt, dass 33 aus den Primzahlen 3 und 11 besteht.

2) Wenn der Nenner durch Primzahlen teilbar ist, und auch durch die Primzahlen 2 oder/und 5, wird der Bruch durch Division in einen **gemischten periodischen Dezimalbruch** umgewandelt.

Beispiel: 1) $\dfrac{7}{6}=1.1\,(6)$ 2) $\dfrac{11}{15}=0.7(3)$ 3) $\dfrac{25}{22}=1.1(36)$

Umwandeln von periodischen Dezimalbrüchen in Brüche

1) $1,1(36)=\dfrac{1136-11}{990}-\dfrac{1125}{990}=\dfrac{25}{22}$ Im Zähler schreibt man die Zahl ohne Komma und man subtrahiert alles was außer der Periode steht und im Nenner schreibt man sovielmal die Ziffer 9, wie die Periode Ziffern hat, gefolgt von so vielen Nullen, wie die Vorperiode Ziffern hat.

2) $27.(\,478)=\dfrac{27478-27}{999}=\dfrac{27451}{999}$

3) $8.12(5)=\dfrac{8125-812}{900}=\dfrac{7313}{900}$

4) $0.23(123)=\dfrac{23123-23}{99900}=\dfrac{23100}{99900}=\dfrac{231}{999}=\dfrac{77}{333}$

(das ist das Ergebnis als Folge des Kürzens)

3.10 Das arithmetische Mittel

Um das arithmetische Mittel einer Menge von Zahlen zu berechnen, berechnet man die Summe der Zahlen und man teilt diese durch die Anzahl der Elemente der Menge. Es wird bezeichnet als m_a .

$$m_a=\frac{x_1+x_2+x_3+\ldots+x_n}{n}$$

Beispiele

1) Berechne das arithmetische Mittel der Zahlen: 24,1; 12,3; 5,2 şi 3,2

$$m_a=\frac{24.1+12.3+5.2+3.2}{4}=\frac{44.8}{4}=11.2$$

2) Das arithmetische Mittel dreier Zahlen ist 20, das arithmetische Mittel zweier von den drei Zahlen ist 25. Finde die dritte Zahl.

$$\frac{a+b+c}{3} = 20 \qquad \frac{a+b}{2} = 25 \quad ; \quad c = ?$$

$a + b + c = 60$ und $a + b = 50$ Wenn wir in die erste Gleichung a+b mit 50 ersetzen, erhalten wir $50 + c = 60$ also $c = 60 - 50$, $c = 10$.

3) Wie verändert sich das arithmetische Mittel der Zahlen 53, 54, 55, 66 wenn man noch die Zahl 52 hinzufügt?

$$m_a = \frac{53 + 54 + 55 + 66}{4} \Rightarrow m_a = \frac{228}{4} \Rightarrow m_a = 57$$

$$m_a = \frac{53 + 54 + 55 + 66 + 52}{5} = \frac{280}{5} = 56$$

$\Rightarrow 57 - 56 = 1$, also es wird um 1 vermindert.

Kapitel IV. ELEMENTE DER GEOMETRIE UND MAßEINHEITEN

4.1 Punkt. Gerade. Plan

Der Punkt hat keine Dimensionen. Punkte bezeichnet man mit Großbuchstaben.

Die Gerade ist durch zwei verschiedene Punkte bestimmt. Eine Gerade enthält unendlich viele Punkte.

Die Geraden bezeichnet man mit Kleinbuchstaben (Abb.1) oder mit zwei Großbuchstaben (Abb.2), die zwei Punkte darauf darstellen. Die Gerade ist nicht begrenzt (ist unendlich).

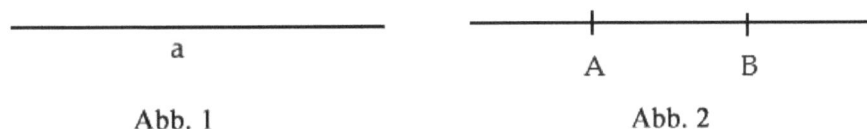

Abb. 1   Abb. 2

Drei Punkte sind **nicht kollinear**, wenn sie nicht auf derselben Geraden liegen (Abb.3). Man kann nicht sagen, dass zwei Punkte nicht kollinear sind, weil jede zwei Punkte eine Gerade bestimmen. Punkte, die auf derselben Geraden liegen, sind kollinear.

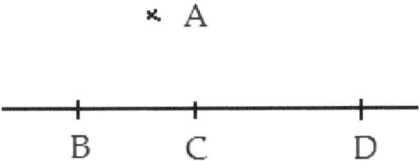

Abb. 3. B , C und D sind kollinear. A ist nicht kollinear zu B, C, D.

Die Ebene ist eine breite Oberfläche, vergleichbar zur Oberfläche eines Tisches.

Eine Ebene ist durch drei nicht kollineare Punkte festgelegt. Die Ebene bezeichnet man mit griechischen Buchstaben: α (alfa), β (beta), γ(gama) usw.

Sich schneidende Geraden sind die Geraden, die sich an einem Punkt schneiden.

Parallele Geraden sind die Geraden, die auf derselben ebenen Fläche liegen und die keinen gemeinsamen Punkt haben.

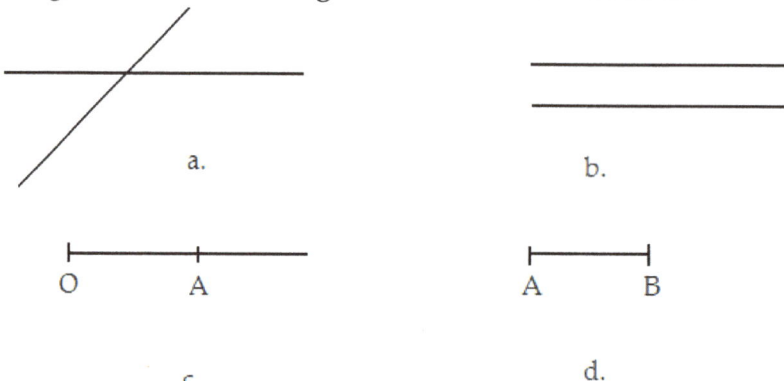

Abb. 4. a. Sich schneidende Geraden. b. Parallele Geraden. c. der Strahl [OA. d. die Strecke [AB].

[OA liest man: der Strahl [OA, ist vom Punkt O begrenzt und enthält den Punkt A. Der Punkt O ist der Ursprung des Strahls.

Die Strecke AB schreibt man [AB] und diejenige Gerade, auf der die Strecke liegt heißt Trägergerade. A und B sind die Endpunkte der Strecke. Die Länge der Strecke ist der Abstand der Punkten A und B.

4.2 Der Winkel

Der Winkel ist die geometrische Figur, die von zwei Strahlen mit demselben Ursprung gebildet wird. Man liest den Winkel ab, indem man einen Buchstaben ausspricht, wenn keine Verwechslungsgefahr besteht, oder indem man drei Buchstaben ausspricht (den Buchstaben an der Spitze in der Mitte).

Die Winkel sind:
a) spitz (kleiner als 90°)
b) recht (betragen genau 90°)
c) stumpf (größer als 90° und kleiner als 180°)

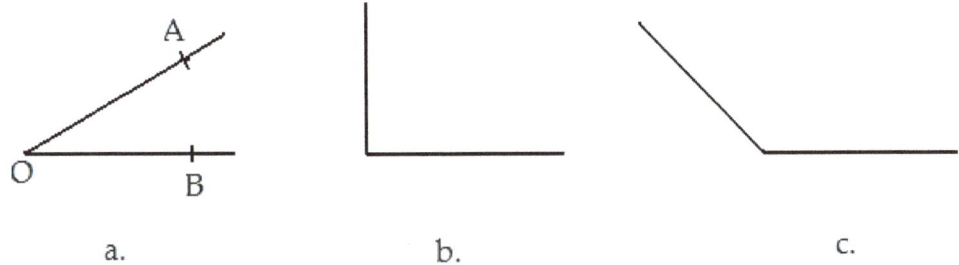

Abb. 5. a. Spitzer Winkel. b. Rechter Winkel. c. Stumpfer Winkel.

Zwei Geraden werden als senkrecht bezeichnet, wenn sie einen rechten Winkel bilden.

4.3 Das Dreieck

Das Dreieck ist die geometrische Figur, die von drei Seiten und drei Winkeln gebildet wird.

Einteilung der Dreiecke:

I. Nach Seiten:
a) ungleichseitiges/ unregelmäßiges Dreieck - keine Seiten sind gleich groß.
Beispiel: $\triangle$ ABC (Abb. 6)

b) gleichschenkliges Dreieck ist das Dreieck mit zwei gleichen Seiten und die Basiswinkel gleich groß.
Beispiel: $\triangle$ DEF

c) gleichseitiges Dreieck - das Dreieck mit allen Seiten gleich lang und allen Winkeln gleich groß.

Beispiel: $\triangle$ GHI

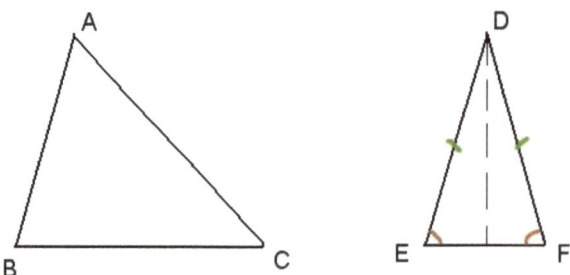

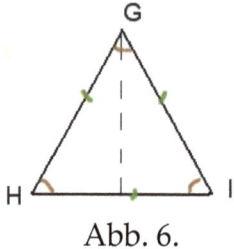

Abb. 6.

II. Nach Winkeln:

a) spitzwinkliges Dreieck, hat alle Winkel spitz, **Beispiel:** ΔJKL (Abb. 7)

b) rechtwinkliges Dreieck hat einen rechten Winkel, **Beispiel:** ΔMNP (Abb. 7)

c) stumpfwinkliges Dreieck hat einen stumpfwinkligen Winkel, **Beispiel:** ΔRST (Abb. 7)

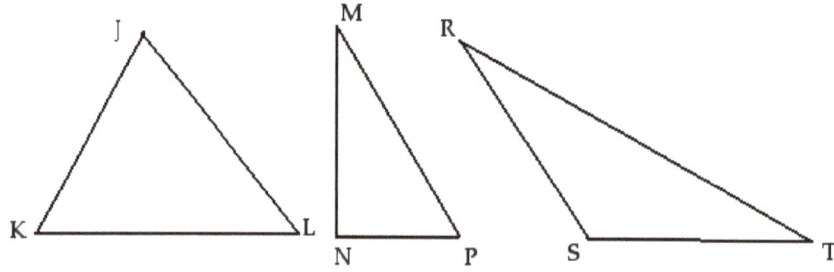

Abb. 7

Die Summe der Seitenlängen einer geometrischen Figur heißt **der Umfang** jener Figur.

Die Größe der Fläche einer geometrischen Figur heißt Fläheninhalt. Zwei Flächen, die gleiche Flächeninhalte haben, heißen kongruente Flächen.

Die Höhe eines Dreiecks ist **die Senkrechte** von der Spitze auf die gegenüberliegende Seite. (Abb. 8).

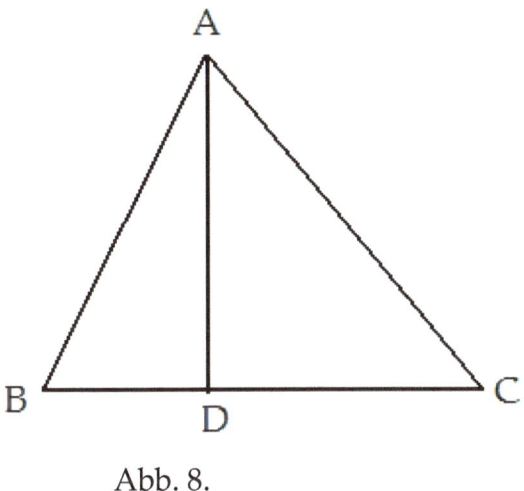

Abb. 8.

Der Flächcninhalt des Dreiecks ist die Größe der Fläche des Dreiecks und wird berechnet, indem man die Grundseite mit der zugehörigen Höhe multipliziert und das Ergebnis durch 2 teilt.

Die Formel ist: $A_{\triangle ABC} = \dfrac{BC \cdot AD}{2}$

Der Umfang ist die Summe aller Seitenlängen:

$P_{\triangle ABC} = AB + AC + BC$

4.4 Vierecke

Die geschlossene gebrochene Linie heißt **Polygon**. Wenn es drei Seiten hat, heißt es **Dreieck**, wenn es vier Seiten hat, heißt es **Viereck.**

Die Elemente eines Polygons sind: die Seiten des Polygons, die Spitzen, die Winkel, die Diagonalen (die Strecken der nicht aufeinander folgenden Eckpunkte).

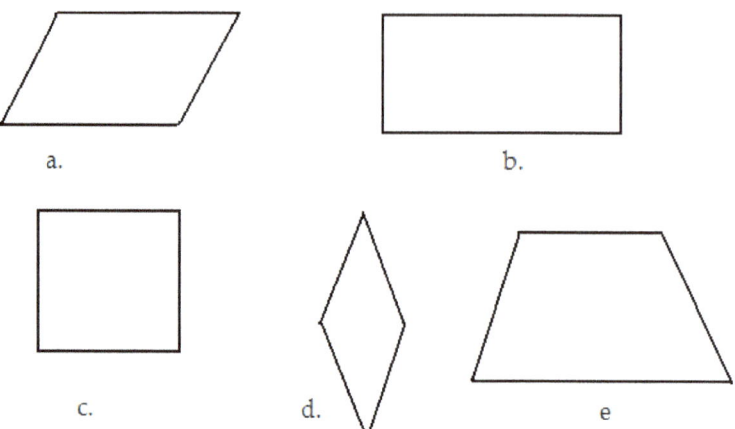

Abb. 9. a.Parallelogramm b.Rechteck c. Quadrat d.Rhombus e.Trapez

Das Parallelogramm ist das Viereck, dessen gegenüberliegende Seiten parallel sind. Die gegenüberliegenden Seiten sind auch kongruent, bzw. sie haben die gleiche Länge. Die größten heißen **Längen** und werden mit l bezeichnet und die kleinsten heißen **Breiten** und werden mit b bezeichnet.

Der Umfang (U) ist die Summe der Seitenlängen, und weil es zwei Längen (l) und zwei Breiten (b) gibt , $U = 2(l + b)$.

a) **Das Rechteck** ist das Parallelogramm, dessen Winkel alle rechtwinklig sind (90°). Es hat zwei Längen (l) und zwei Breiten (b).

Flächeninhalt $A = l \cdot b$ Umfang $U = 2(l + b)$

b) **Das Quadrat** ist das Rechteck, dessen Seiten gleich lang sind. Man wird sie mit Kleinbuchstaben l bezeichnet. Flächeninhalt $A = l^2$

Umfang $U = 4l$

c) **Der Rhombus** ist das Parallelogramm, dessen Seiten gleich lang sind.

d) **Das Trapez** ist das Viereck mit zwei parallelen Seiten (betrachtet als Grundseiten) und zwei nicht parallelen Seiten.

4.5 Geometrische Körper

Der Quader (rechtwinkliges Parallelepiped) ist der geometrische Körper mit folgenden Dimensionen:

Die Länge wird mit l, die Breite mit b und die Höhe mit h bezeichnet. Das Volumen wird berechnet, indem man diese Dimensionen multipliziert $V = l \cdot b \cdot h$

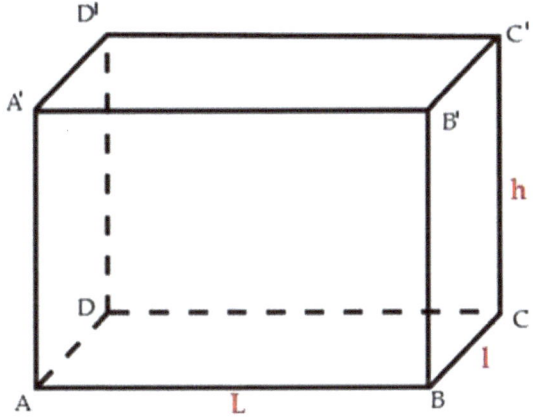

Abb. 10. Der Quader

Der Würfel ist das rechtwinkliges Parallelepiped mit allen Kanten gleich lang (bezeichnet mit l). Alle Seiten sind Quadrate.
AC und BD sind die Diagonalen des Quadrats ABCD stehen senkrecht aufeinander im Punkt O, der der Mittelpunkt der Diagonalen ist.

AB = AD = AA' = Seite des Würfels =l.

Das Volumen bezeichnet als V berechnet man, indem man die Länge einer Kante dreimal multipliziert. Die Formel ist: $V = l^3$

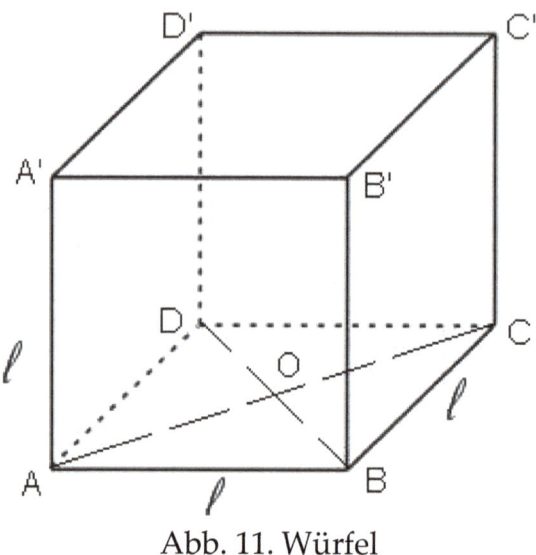

Abb. 11. Würfel

4.6. Maßeinheiten für die Länge

Die Maßeinheit für Längen ist der Meter (m).

Auf der Zahlenachse der natürlichen Zahlen werden die größeren Zahlen rechts und die kleineren Zahlen links dargestellt. Wir werden in der Tabelle unten genauso vorgehen.

Rechts werden wir Übergeordnete Einheiten des Meters eintragen, die 10 mal größer als den Meter sind, wenn es sich genau neben dem Meter befinden, 100 mal größer, wenn es die zweite Übergeordnete Einheit ist usw.

Links werden wir die Untereinheiten des Meters eintragen, die 10, 100, 1000 mal kleiner als den Meter sind, -wenn es sich genau neben dem Meter befindet, 10 mal kleiner, wenn es die zweite Untereinheit ist, 100 mal kleiner, wenn es die dritte Untereinheit ist, 1000 mal kleiner usw.

Untereinheiten des Meters				Übergeordnete Einheiten des Meters		
1 mm	1 cm	1 dm	**1 m**	1 dam	1 hm	1 km
0,001 m	0,01 m	0,1 m	**1 m**	10 m	100 m	1000 m

Um die Umwandlungen nicht zu verwechseln, müssen die Schüler auf folgende Weise denken:

Wenn sie von groß in klein umwandeln, werden sie eine Multiplikation durchführen: mit 10, wenn die Maßeinheit in die nächstliegende Einheit umgewandelt werden muss, mit 100, wenn die Einheit die zweite in der Tabelle ist, mit 1000, wenn sie die dritte ist (um eine größere Zahl zu erhalten, muss man multiplizieren, darum wurden die Wörter **groß** und **Multiplikation** betont; wenn man umwandelt, muss man denken, dass man von groß in klein umwandelt und man schaut das erste Wort an, -groß, also man multipliziert)

Wenn man von klein in groß umwandelt, führt man eine Division durch (man schaut das erste Wort an- klein, also man führt eine Division durch) uzw: wenn die Maßeinheit in die nächstliegende Einheit umgewandelt werden muss, teilt man durch 10, wenn es die zweite ist, teilt man durch 100, wenn es die dritte ist, teilt man durch 1000.

Beispiele:
9354,7 m = 9354,7 : 1000 km = 9,3547 km

Wir haben von **klein** in groß umgewandelt, da das erste Wort klein ist, werden wir teilen, weil man kleinere Zahlen erhält, wenn man teilt.

Indem wir an das erste Wort denken und indem wir die Verbindung zwischen *klein* und *Division* und *groß* und *Multiplikation* herstellen, werden wir die Umwandlungen nicht verwechseln.

Wenn das erste Wort **groß** ist, dann denken wir, dass wir größere Zahlen erhalten, wenn wir **multiplizieren**.

Beispiel: 2,34 m = ……..cm

Wir wandeln von groß in klein um, also wir werden mit 100 multiplizieren, neben 1 fügen wir 2 Nullen hinzu, weil der Zentimeter zwei Stellen vom Meter entfernt ist, also:

2,34m= 2,34 · 100 cm = 234cm.

2546,43cm = …………dam

Wir wandeln von **klein** in groß, also wir werden eine Division durchführen. Weil dam (der Dekameter) eine Übergeordnete Einheit im Vergleich zum Zentimeter ist, befindet er sich nach Dezimeter und Meter und indem der Dekameter der dritte ist, werden wir durch zehn hoch drei teilen, also:

2546,43 cm = 2546,43 : 10^3 dam = 2546,43 : 1000 dam = 2,54643 dam.

5786 mm + 28dm + 34,4 dam + 346 cm + 4,8 hm = …

Wir wählen in dm oder in dam umzuwandeln, weil sie die Maßeinheiten in der Mitte sind.

Wenn wir in dm umwandeln:

5786 mm = 57,86 dm ; 34,4 dam = 344 dm ;

346 cm = 34,6 dm ; 4,8 hm = 4800 dm, also:

$$57,86 +$$
$$28$$
$$344$$
$$34,6$$
$$\underline{4800}$$
$$5264,46 \text{ dm}$$

Ein rechteckiges Grundstück hat die Länge 0,25 km und die Breite 5000 cm. Wieviel Draht muss man kaufen, wenn man das Grundstück dreimal umzäunen will?

Lösung

U = 2 (l + b),   0,25 km = 250 m und 5000 cm = 50 m, also:

U = 2 (250 + 50) m ; U= 2 · 300 m ; U = 600 m, aber man muss dreimal umzäunen also 3 · 600 m = 1800 m.

4.7 Maßeinheiten für den Flächeninhalt

Der Maßeinheit für Flächeninhalte ist der Quadratmeter (m^2)

Untereinheiten des Quadratmeters				Übergeordnete Einheiten des Quadratmeters		
1 mm²	1 cm²	1 dm²	**1 m²**	1 dam²	1 hm²	1 km²
0,000001 m²	0,0001 m²	0,01 m²	**1 m²**	100 m²	10.000 m²	1.000.000 m²

Wenn die Maßeinheit in die nächstliegende Einheit umgewandelt werden muss, wird man durch 10^2

teilen oder mit 10 multiplizieren (weil m²); wenn die Einheit die zweite in der Tabelle ist, wird man durch $(10^2)^2 = 10^4 = 10.000$ teilen oder mit $(10^2)^2 = 10^4 = 10.000$ multiplizieren, wenn sie die dritte ist, wird man durch $(10^3)^2 = 10^6 = 1.000.000$ teilen oder mit $((10^3)^2 = 10^6 = 1.000.000$ multiplizieren.

Wenn multipliziert und wenn teilt man? Genauso wie beim Meter.

Wenn man von **klein** in groß umwandelt, teilt man. Wir schauen das erste Wort an, wie schon gesagt; wenn es **klein** ist, **teilt** man, wenn es **groß** ist, **multipliziert** man.

Beispiele:

1) $238 \text{ dm}^2 = 238 : 10^2 \text{ m}^2 = 2,38 \text{ m}^2$
2) $1435700 \text{ cm}^2 = 1435700 : 10000^2 \text{ hm}^2 = 0,014357 \text{ hm}^2$
3) $3,9824 \text{ hm}^2 = 3,9824 \cdot 1000^2 \text{ dm}^2 = 3982400 \text{ dm}^2$
4) $19,24367 \text{ dam}^2 = 19,24367 \cdot 100^2 \text{ dm}^2 = 192436,7 \text{ dm}^2$

1 ha (hectar) hat 10000 m^2 ein Ar hat 100 m^2, also:
1 ha = 10000 m^2, 1 ar = 100 m^2.
Diese Einheiten verwendet man für das Messen der Ackerflächen.

Beispiele:

1) Wieviel Quadratmeter Fliesen braucht man für zwei 2 Zimmer kaufen, das erste ist quadratisch mit der Seite von 4 m und das andere rechteckig mit der Länge von 5 m und der Breite von 2,4 m?
Lösung: Flächeninhalt des Quadrats = l^2 also:
$A_Q = 4^2 \text{ m}^2$, $A_Q = 16 \text{ m}^2$ und der Flächeninhalt des Rechtecks = $l \cdot b$, also $A_R = 5 \cdot 2,4 \text{ m}^2$, $A_R = 12 \text{ m}^2$, also man muss $12 \text{ m}^2 + 16 \text{ m}^2 = 28 \text{ m}^2$ Fliesen kaufen.

2) Ioana hat in ihrem Garten Tomaten, Paprika und Gurken. Die Paprika werden ausgesät auf einem Grundstück, das die Form eines Dreiecks mit der Basis von 60 dm und der Höhe von 0,04 hm hat. Auf jeden 3 m^2 gibt es je 4 Paprikastiele. Wenn man an jedem Paprikastiel je

2kg Paprika anbaut und wenn 1kg Paprika 2,5 Lei kostet, wieviel wird sie mit diesem dreieckigen Grundstück verdienen? Die Tomaten werden ausgesät auf einem Grundstück, das die Form eines Rechtecks mit der Länge von 1200 cm und der Breite von 0,8 dam hat.

Auf einem m^2 gibt es einen Tomatenstiel, wovon sie 3,5 kg Tomaten gepflückt hat; wenn 1kg Tomaten 1,5 Lei kostet, wieviel verdient sie, nachdem sie die Tomaten verkauft hat?

Die Gurken hat sie für 2 Lei pro Kilo verkauft und sie hat von jedem m^2 je 3 kg Gurken gepflückt, die auf 0,3 ar angebaut wurden. Wieviel verdient sie, nachdem sie die Gurken verkauft hat? Wieviel beträgt der Totalverdienst?

Lösung:

Paprika: Weil man von jedem m^2 eine bestimmte Quantität anbaut, wird man alle Dimensionen in m umwandeln und dann mit m^2 arbeiten, also:

Das Dreieck hat die Basis von 60 dm = 6 m, die Höhe von 0,04 hm = 4 m, der Flächeninhalt: A = (b·h): 2 bzw. Basis multipliziert mit Höhe und geteilt durch 2, also $A_{\triangle} = (6\ m \cdot 4\ m) : 2$,
$A_{\triangle} = 12\ m^2$

Wenn es auf jeden $3\ m^2$ je 4 Paprikastiele gibt, gibt es auf $12\ m^2$,uzw. $4 \cdot 3\ m^2$, $4 \cdot 4$ Paprikastiele, uzw. 16 Paprikastiele mit $16 \cdot 2$ kg Paprika = 32 kg Paprika, die $32 \cdot 2,5$ Lei = 80 Lei kosten, also mit dem dreieckigen Grundstück verdient sie 80 Lei (für die Paprika).

Tomaten: Flächeninhalt = $l \cdot b$, aber man muss in m^2, umwandeln, also

l = 1200 cm b = 1200 : 100 m, l = 12 m und
b = 0,8 dam , b = 0,8 ·10, b = 8 m , also die Fläche mit Tomaten hat
$12 \cdot 8\ m^2 = 96\ m^2$ mit $3,5\ kg \cdot 96 = 336$ kg Tomaten

Wenn 1 kg Tomaten 1,5 Lei kostet, wird sie von 96 m^2 $1,5 \cdot 336 = 504$ Lei verdienen.

Gurken: 1 ar = 100 m^2 also 0,3 ar = 0,3 · 100 m^2 = 30 m^2 wovon sie 3·30 kg Gurken gepflückt hat, also 90 kg ◉ sie hat 2 · 90 = 180 Lei verdient.

Also insgemsamt verdient sie :
Paprika _____= 80 Lei
Tomaten _____= 504 Lei
Gurken_____= 180 Lei

                          764 Lei

4.8. Maßeinheiten für Volumen

Die Maßeinheit für Volumen ist der Kubikmeter (m^3).

Die nächste Tabelle gibt die Volumeneinheiten an. Die Umwandlungen werden wie bei den anderen dargestellten Umwandlugen durchgeführt, man muss aber beachten, dass es hier der Exponent 3 ist und wenn man Umwandlungen durchführt (wie in der Tabelle dargestellt), wird man mit 10^3 = 1000 (mit Exponenten 3, weil es Volumen ist) **multiplizieren** (wenn man von **groß** in klein umwandelt) oder **teilen** (wenn man von **klein** in groß umwandelt)

Wenn man eine Volumeneinheit in eine Einheit auf dem zweiten Platz umwandelt, wird man durch 100 (2 Nullen, weil sie auf dem zweiten Platz in der Tabelle liegt) mit dem Exponenten 3, also mit 100^3 = 1.000.000 multiplizieren oder teilen, und wenn die Einheit, worin man umwandelt, auf dem dritten Platz liegt, wird man mit 1000 mit dem Exponenten 3, also mit 1000^3 =1.000.000.000 multiplizieren oder teilen.

Untereinheiten des Kubikmeters				Übergeordnete Einheiten des Kubikmeters		
1 mm^3	1 cm^3	1 dm^3	**1 m^3**	1 dam^3	1 hm^3	1 km^3
0,000000001 m^3	0,000001 m^3	0,001m^3	**1 m^3**	1000 m^3	1.000.000 m^3	1.000.000.000 m^3

Beispiele:

1) 0.15 $dm^3 = 0.00015 m^3$ Wir haben von **groß** in klein umgewandelt, also wir teilen und die 2 Einheiten sind nebenstehend, also wir werden durch 10 mit dem Exponenten 3 teilen, weil es Volumen ist.

2) 0,08 $hm^3 = 80000 m^3$, uzw 0,08$hm^3 = 0,08 \cdot 100^3 m^3$, 100 weil m zu hm der zweite ist und mit Exponenten 3, weil es Volumen ist; wir werden **multiplizieren**, weil wir von **groß** in klein umwandeln.

3) 35970612 $cm^3 = 35970612 : 1000^3 m^3 = 0,035970612$ m^3.

Wir haben **geteilt**, weil wir von **klein** in groß umwandeln, wir haben durch 1 gefolgt von 3 Nullen geteilt, weil dam zu cm auf dem dritten Platz liegt und mit dem Exponenten 3, weil es Volumen ist.

4) Ein Quader hat die Länge (l) von 350 cm, die Breite (b) von 1,2 m und die Höhe (h) 20 dm. Ermittle das Volumen des Quaders.

Weil die Einheit dm sich zwischen cm und m befindet, werden wir in dm umwandeln:

l = 350 cm = 350 : 10 dm = 35 dm

b = 1,2 m = 1,2 · 10 dm = 12 dm ⇒ V = l · b · h ⇒ V = 35dm·12dm·20dm

h = 20 dm $\qquad\qquad\qquad$ V = 8400 dm^3 = 8,4m^3

5) Ein Würfel der Kantenlänge 0,004 hm hat das Volumen von... dm

Wir wandeln 0,004 hm in dm um, multiplizieren (weil wir von groß in klein umwandeln) mit 1000, wir fügen 3 Nullen hinzu, weil dm zu hm auf dem dritten Platz liegt. Also die Kante des Würfels hat eine Länge von 4 dm und

V = $l^3 = 4^3 dm^3 = 64 dm^3$.

4.9 Maßeinheiten für das Volumen der Gefäße

Die Maßeinheit für Volumen von Gefäßen ist der Liter (l).
Ein Liter entspricht einem Kubikdezimeter.

Untereinheiten des Liters				Übergeordnete Einheiten des Liters		
1 ml	1 cl	1 dl	**1 l**	1 dal	1 hl	1 kl
0,001 l	0,01 l	0,1 l	**1 l**	10 l	100 l	1000 l

1) Wie groß ist das Volumen eines würfelförmigen Gefäßes mit der Kante von 200 cm ?

Das Volumes des Würfels ist a^3 wenn die Kante des Würfels a ist, aber das Volumen der Gefäße wird in Litern gemessen und weil ein Liter einem dm^3 entspricht, muss man von cm in dm umwandeln.

200 cm = 20 dm , also V$_{Würfel}$ = $20^3 dm^3 \Rightarrow V = 8000 dm^3 \Rightarrow$ V = 8000 l

2) Berechne das Volumen eines quaderförmigen Gefäßes der Dimensionen: l = 0, 008 hm, b = 0,05 dam und h = 600 mm?

V$_{Quader}$= l · b · h

aber das Volumen der Gefäße wird in Litern gemessen und weil 1l= 1 dm^3, werden wir die Dimensionen in dm umwandeln :

l = 0,008 · 1000 dm, l = 8 dm

b = 0,05 · 100 dm, b= 5 dm

h = 600 : 100 dm, h = 6 dm

V$_{Quader}$ = **l · b · h**

V$_{Quader}$ = $8dm \cdot 5dm \cdot 6dm \Rightarrow$ V$_{Quader}$= $240 dm^3 \Rightarrow$ V = 240 l

4.10 Maßeinheiten für die Masse

Die Maßeinheit für die Masse ist das Gramm (g).

Untereinheiten des Gramms				Übergeordnete Einheiten des Gramms		
1 mg	1 cg	1 dg	**1 g**	1 dag	1 hg	1 kg
0.001 g	0.01 g	0.1 g	**1 g**	10 g	100 g	1000 g

Beispiele:

1) 2020 dg + 3020 dag + 28 hg = ... kg

2020 dg = (2020 : 10.000) kg = 0.202 kg

3020 dag = (3020 : 100) kg = 30.2 kg

28 hg = (28 : 10) kg = 2.8 kg

$\Rightarrow$ 0.202 kg + 30.2 kg + 2,8 kg = 33,202 kg

2) Ioana hat 0,15 hg Pfeffer, 1,2 dag Lorbeerblätter und 231 cg Thymian gekauft. Wieviel Gramm Gewürze hat Ioana gekauft?

0,15 hg Pfeffer= 15 g Pfeffer

1,2 dag Lorbeerblätter = 12 g Lorbeerblätter

231 cg Thymian = 2,31 g Thymian

$\Rightarrow$ 15 g + 12 g + 2,31 g = 29,31 g Gewürze

4.11 Maßeinheiten für die Zeit

Die Maßeinheit für das Messen der Zeit ist die Sekunde (s).

1 Minute (min) = 60 s, kann noch 1′ =60″ geschrieben werden

1 Stunde (h) = 60 min, oder 1 h = 60′ = 60 · 60″ = 3600″

1 Tag = 24 h = 24 · 60′ = 1440′ = 1440·60″ = 86400″

1 Woche = 7 Tage

1 Jahr = 365 oder 366 Tage in Schaltjahren (uzw. Februar mit 29 Tagen)

1 Jahrzent = 10 Jahre

1 Jahrhundert = 100 Jahre

1 Jahrtausend = 1000 Jahre

War das Jahr 2011 ein Schaltjahr?

Wir müssen entdecken, ob der Monat Februar 29 oder 28 Tage gehabt hat. Wenn der Monat Februar 29 Tage gehabt hat, dann war das Jahr 2011 ein Schaltjahr, aber weil 2011 durch 4 nicht teilbar ist, bedeutet das, dass das Jahr 2011 kein Schaltjahr war, weil der Monat Februar mit 29 Tagen alle 4 Jahre vorkommt; also, wenn die letzten zwei Ziffern des Jahres durch 4 teilbar sind, dann ist jenes Jahr ein Schaltjahr. Beispiele: 2012, 1988, 2004, usw.